当我们
必须谈论
死亡
与别离时

Kathryn Mannix

张熙 译

[英]凯瑟琳·曼尼克斯 著

LISTEN

How to find the words for tender conversations

中国纺织出版社有限公司

潜流 CHEERS

与最聪明的人共同进化

HERE COMES EVERYBODY

献给成就了我职业生涯的患者、家人、同事和导师。

一声"感谢"远远不够。

也许你正在回避一场谈话

"我不知道该怎么说。"

也许你此刻正在回避一场谈话。这场谈话可能对你来说很重要，但它也可能令人感到些许不安。在这场谈话中，你或许需要说出一个残酷的事实，询问一件人生大事，提出一个可能会被拒绝的建议，讨论会引爆情绪的话题，甚至安慰正在经历悲痛的人。你进退两难，明知道这件事非做不可，却又害怕自己或对方太过脆弱以至于难以接受。你心里想着：再等等，我就去打电话、拜访，或者预约；我很快就去，但还是先等等。面对这场谈话，我们踌躇不前，不确定该以哪种方式开始。

我们都有不知道该怎么说的时候。通常情况下，这是因为我们要说的话在情绪的迷雾中不停地盘旋；有时将这些话藏在雾中，似乎好过拨开迷雾，将令人痛苦的境况展露出来。

有些时候，一个眼神、一个触碰、耸一下肩、点一点头，传达的感情可能胜过千言万语。拥抱对方，握紧对方的手，或者在对方的胳膊上轻轻一拍，都可能意义重大。相对于用肢体语言表情达意的那些人，另外一些人有时也许只需我们为他们斟一杯茶、递一块手帕，或者默默地陪伴他们。

但最终，我们还是要开口的，于是就遇到了"不知道该怎么说"这一难题。也许我们知道自己要表达什么，可总感觉词不达意；也许我们想聊一件对自己来说很重要的事情，却担心在谈论这件事的时候容易情绪激动；也许我们想问一个问题，但唯恐这个问题会打扰或冒犯到对方；也许我们要传达一个坏消息，又生怕这个消息会令对方痛苦。

本书就是关于那些"不知道该怎么说"的时刻的。我在书中介绍了一些方法，帮助大家找到合适的话语，顺利地开启对话。书中也展示了人与人之间交流方式的迷人之处，是我以毕生的从业经历和社会经验总结而来的；也是我作为医生、心理治疗师和培训师，在工作中得到的启发。本书并不提供可以参照的现成脚本，而是通过讲述引人思考的故事，去讨论一些可靠的谈话技巧和原则。我希望这种"故事"和"技巧、原则"相结合的呈现方式，能让读者充分了解到，无论他们未来会遇到怎样重要的谈话，在面临不同的情况时，都能找到应对的方法。

在本书中，我会用故事来说明沟通的原则。关于这些故事，有些是我本人的经历，有些是别人和我讨论过的他们的经历，还有一些是能表现人类共同经历的虚构故事。为了保护故事中真实人物的隐私，他们的名字和其他信息都已做改动。本书也不对故事的真实性和虚构性进行划分，所有故事都只是启发读者思考的例子，以便读者清楚地理解自己的生活经历。

与重要谈话有关的技巧，微妙而富有层次。这些技巧不是只能单方面使用的工具，它们更像舞蹈的动作和步法：在舞池中与人共舞时，我们会踏步、转身、停顿、转向，并与音乐保持同步。谈话有点儿像跳萨尔萨舞，通常至少需要两个人共同参与，轮流做动作。好比一个人在引领谈话，但并没有强迫意味；另一个人虽然在跟随，但不会感到有压力。在跳舞或谈话的过程中，引领者和追随者的角色可以互换：跳舞时，舞者通过前进和后退的舞步，来分享和保留空间；谈话时也一样，双方通过言语和沉默、说话和倾听、陈述和提问，来分享和保留空间。无论跳舞还是谈话，都需要参与者相互同意、彼此合作。

人们在谈论严肃、悲伤或尴尬的事情时，并不存在绝对正确的方式，但有一些错误的方式值得注意。这个"错误"往往不在语言本身，而在于"跳错了舞步"。比如，执意要求对方参与讨论，而非用邀请的方式；说得太多，听得太少，甚至根本不听对方说话；声音太大，沉默的时间太少；在未经对方同意的情况下或在不合适的时间发言，又或者发言不是为了探讨一件事情，而是为了让这件事情"翻篇儿"。

曾经的"错误"已无法挽回，但我们可以从中吸取教训，以便下次做得更好。就像跳舞一样：我们可以研究自己为什么会绊倒对方，并从中学习今后如何更优雅地移动脚步，如何保持平衡，如何在进步的过程中相互依靠和支持；我们也可以学到，什么时候向前走，什么时候向后退，什么时候单纯凭感觉跟着音乐走。

本书邀请大家留意我们与生俱来的谈话技能，并拓展这些技能。与其说它是一本教科书或一堂舞蹈课，不如说它更像是一场展览或一个舞蹈节，初学者和技艺高超的艺术家都可以在这里展示自己。本书并不意在培训，而是为了鼓励大家，一起思考如何开启曾经令人却步的谈话，一起探究如何温和地去感受对方，并为对方保留空间，以便我们能够顺利地展开谈话。

本书会按如下顺序依次介绍这些技能：如何开启对话，如何陪伴他人并获得对方的信任，如何着手探索对方目前的处境。我们使用的方法和技巧会有重叠，有些我们会一直使用，就像舞者随着音乐节奏移动、保持平衡和互相配合一样，是基础舞步；有些技巧，像转身或旋转等舞步，只是偶尔使用。

在探讨过那些开启对话所需的基本技巧后，我们将稍微转移重心，去关注如何使用这些技能在谈话中做出改变、达成共识或解决问题。同时，要保持谈话的方法始终不变：我们是与对方一起努力，而不是替对方做什么；双方作为合作伙伴，要齐心协力，保持步调一致。

本书后面的章节会展示，当谈话进行得特别艰难时，我们应该如何运用相同的方法和技能。我们还将一起逐步探索，掌握温和谈话艺术的能手如何使用这套技能，在棘手的情境下保留谈话空间并维持沟通状态。我们将通过观察实践来得出相应的原则：我们会研究引人思考的谈话例子，而不是固定的脚本。你可能会看到令你感到熟悉和舒适的话语；对于某些话语，你可能会选择在相同的原则下稍作修改，变成自己的话，而用自己的话表达出的真挚情感，怎么强调都不为过。尽管几十年间，我与患者和他们的家人进行过无数复杂、悲伤和深刻的谈话，可当我需要沟通时，我还是常常不知道到底该怎么说。但我掌握了可以遵循的原则，当谈话开始时，我会跟随这些原则的指引。

我们可以一起学习一些基本的技能，但无论是跳舞还是温和谈话，只有勤加练习，才会熟能生巧。这一点我们都能做得到，而且只要开始练习之后，就不会觉得可怕了。

沟通的技巧你掌握多少?

- 当你的好朋友刚刚得知她失去了母亲,你要怎么做? ( )

    A. 尽力用语言安慰,如"别哭了,你妈妈也不希望看到你这样"。

    B. 给予足够的陪伴,并告诉她"我会用你希望的方式支持你"。

    C. 和朋友一起哭泣,表达自己的同理心。

    D. 带朋友逛街购物吃美食,帮助她尽快从悲伤中走出来。

- 如果有人跟你讲述自己曾经历过的危险 / 痛苦 / 给他们带来创伤的经历,你要怎么回应? ( )

    A. 我们要不要找一个能给我们专业建议的人咨询一下如何面对它?

    B. 我不了解这方面的情况,很抱歉我也不知道怎么办。

    C. 你可以跟我说说具体发生了什么,我帮你分析分析。

    D. 我觉得你是多虑了,别去想这些过去的事儿了。

- 假设你是一名医生,你有一位身患绝症的患者问你"我是不是快死了"时,你要怎么回答? ( )

    A. 直接说出实情。

    B. 不直接回答,先询问患者最近的身体状况和心情,然后逐步引向主题。

    C. 骗他说当然不会。

    D. 先找个其他话题搪塞过去,然后把实情告诉家属,让家属转达。

扫描左侧二维码查看本书更多测试题

讲述自己的故事

我们通常以讲故事的方式来解释所处的世界。无论我们的人生故事是一场求索还是一出悲剧，是披荆斩棘的英勇事迹还是曲折离奇的挫折坎坷，日子都是一天一天地向前过，而我们仍然可以通过回望过去来更好地理解当下的生活。我们既是讲故事的人，也是故事的主人公。每个人的人生都是充满光明与阴暗、希望与绝望、悬念与启示的故事。

能够讲出自己的故事有助于我们将人生看得更通透。我们也许只跟自己讲，随后静静地思索；也许会写下来，在回头看的时候意识到我们当时没有察觉的问题。但我们绝大多数人更习惯和朋友、知己以谈心的方式讲述自己的故事。事实上，在我们讲故事的同时，也在重新聆听它。讲述可以帮我们注意和理解细节，认清大局，看到自己曾经忽略或否认的事情。如果有人愿意全心全意地倾听，而且已经准备好沉浸在我们的故事中，我们便有机会在讲述中认识自己，去完成崇高的理想、弥合痛苦的失败，以更真实、更有益的方式去了解我们自己和周围的世界。

本书呈现了许多故事，这些故事关乎人和谈话，关乎诉说和倾听，关乎我们所有人在生活中面临的挑战。那么，以一个故事开始本书似乎再合适不过了，它也为后面的内容作了铺垫。

在医院急诊科的休息室里，一个瘦小的女子尖叫着从座位上弹起来，一拳打在我的脸上，我猝不及防地踉跄着向后退去，脑子里闪过一道红光。

"骗子！"她冲我大喊道，"你这个骗子！他不可能死！"说着她便像松了线的木偶一样瘫倒在身后的座椅上。她把脸埋进两腿间，双手交握在颤抖的脑后，号啕大哭起来，刺耳的哀号声在整个房间里回荡，令我不知所措。那一拳带来的疼痛和吃惊让我感觉天旋地转，我知道我必须留下来，但我也知道自己就要站不住了。然后我听到身后的门开了，回头看到了由急诊护士多萝西和一名医院护工组成的"安保小组"。我摇摇头，默默示意护工离开，随后我脸上的泪水随着摇头的动作而散开。我知道这个打我的女子并不会引发安全事件，她的反应如此激烈是因为她的丈夫刚刚在我们的抢救室里去世了，而我在告诉她这个消息时表现得很糟糕。我感到一阵头晕和恶心，但我知道我不能让事情变得更糟。

"罗恩，要不你先待在门边？"多萝西轻声说道，随后她关上门，让护工留在门外。她向我苦笑了一下，接着便坐在了那个哭泣的女子身边。"艾薇儿？"她柔声问道，"你是艾薇儿吗？"女子头也不抬地点了点头，身体因为哽咽而颤抖。多萝西又问："你是艾薇儿·德·索萨吗？"女子听后抬起头来。

"是的。"她费力地从因惊恐而扭曲的双唇中吐出两个字。

多萝西问："艾薇儿，你丈夫叫什么名字？"

"乔塞洛，"艾薇儿呜咽道，"他叫乔塞洛。我接到电话，让我来医院，电话里的人说他上班的时候胸口痛。我要见他，我现在就要见他！"她的声音里又充满了怒火。多萝西转向我，简单地说了句："医生，您先坐下吧，在我们谈话的过程中，德·索萨太太有问题的话可以问您。"

我心怀感激，坐到了咖啡桌另一边的椅子上。我们所在的房间位于一家老医院的急诊科，里面没几件家具，空间逼仄且令人不适。我每周都要在这里告知被送进急诊抢救室的患者的朋友、家属、配偶，他们所爱的人如今命悬一线。但在此之前，从来不会轮到我去告诉患者的亲友，他们来得太晚了，患者没有得救。这项工作通常留给更加资深的同事完成。

当我看着多萝西与这位深受打击的妻子交谈时，我感觉不那么天旋地转了。这个刚刚丧偶的女子，被我宣布的消息震惊到要用打我的方式来否认她难以承受的事实，那个消息过于突然和意外，给她带来了无法忍受的伤害。

但我的确是"按照规定流程"做的：

- "确认对象"——是的，名字正确，而且是铸造厂的工头打电话送来的。
- "警示提醒"——"十分抱歉，有个不好的消息要通知您。"
- "稍作停顿。"
- "告知对方"——"很遗憾地通知您，乔塞洛在几分钟之前去世了，我们没能重新起搏他的心脏。"

"稍作停顿。"就是在这个环节，德·索萨太太尖叫着打了我一拳。我当时穿着白大褂站在她面前，谨慎地措辞着，虽然心里十分恐惧，但我努力让自己的声音听起来很勇敢。我当时刚做完长时间的胸外按压，汗还在流，即便如此也没能救活躺在急救室担架车上失去意识的乔赛洛；我当时还处在惊吓之中，这种感觉令人感到恶心，因为急救现场最资深的医生在"叫停"前，征得了我的同意，承认患者已经死亡；我当时仍惊魂未定，因为急救现场的医生并没有让我去写施救报告，而是让我去通知患者的妻子。她到医院的时候，我们正在进行胸外按压施救，所以她不能进抢救室。于是，她被安排在"祸福之室"等待，我们给那间摆放着一尘不染的塑料家具、用薄如纸片的墙壁隔开的旧房间取了这个名字。

此刻，多萝西正在给我上一节大师课，向我演示如何正确传达对方不想听到的消息。她坐在那里。我心想："为什么我当时没坐下呢？"她一只手握着德·索萨太太的手，另一只手轻抚着她的肩膀。我知道多萝西有三个患者在观察室里，病情都很严重，所以她不能在这儿停留太久。然而她像魔法师一样，用平缓的语气将时间拉长，全身心地关注着德·索萨太太，让每一秒钟都变得有意义。

"这一切太突然了，亲爱的，"多萝西轻声和德·索萨太太说道，"太令人意外了。你之前知道乔塞洛的心脏不好吗？"

德·索萨太太抬起头来，抽泣着深吸了口气。多萝西从咖啡桌上取了一张纸巾递给她，德·索萨太太擤了擤鼻子，说："他心脏不好已经很多年了。几年前他第一次发病，也是在这里抢救，那次我们差一点儿就失去他了。最近他心绞痛发作得更频繁了，医生给他换了药。"她的声音越来越小。

"你是在担心他吗？"多萝西问道。我能看出这个问题问到了德·索萨太太的心坎上。她流着泪，叹气道："他不肯休息，他工作太辛苦了。我跟他说过，他是运气好，上次才活了下来。"

"所以你觉得他上次可能救不过来？"多萝西温和地问她。德·索萨太太怔怔地盯着不远处，边擦眼泪边点了点头，低声说："我觉得我们的时间是借来的。"多萝西等她说下去。"他今天早上就不舒服，工作上的事情让他压力很大。他脸色很差，我让他别去上班了，但……"她摇着头，安静地哭泣着，此时的悲伤代替了震惊和愤怒。

我对此感叹不已。多萝西用提问的方式引导着德·索萨太太从对丈夫的心脏病史和第一次发病的了解，讲到她最近对丈夫健康状况的担忧和她今早感到的不安。多萝西为德·索萨太太搭建了一座桥，通过回答这些问题，德·索萨太太一步一步地准备好，去面对她虽不愿接受但并非完全意料之外的时刻。她已经将迄今为止的情况都告诉了多萝西。

"我很抱歉，亲爱的，"多萝西说，"救护车到的时候他已经失去意识了，他的心脏跳得很慢，接着就停止了跳动。急救队尽了全力。"多萝西又作停顿，而在这个停顿中我意识到自己本该做的事：和德·索萨太太聊一聊之前的情况，聊一聊一个妻子的担忧，聊一聊她今天担心什么。我只忙着确保自己完成传达噩耗的任务，因而没顾上引领她做好准备去接受那个消息。多萝西将故事回放，然后带着她，一步一步地，走到可以接受噩耗的位置。这时候，我们可以再向前迈一小步。

"你愿意和我一起去看看他吗？"多萝西问道，"他躺在转角处的床上，如果你愿意的话，可以坐在那里陪着他。"

"需要我帮你联系什么人吗？家人？牧师？或者其他人也可以。你想让谁来陪着你吗？"

德·索萨太太说自己希望请一位天主教牧师，多萝西牵着她的手带她离开了房间。她们经过我的时候，多萝西说："我们会在三号隔间，帮我们沏两杯茶吧，给你自己也带一杯。"

然后，多萝西带着德·索萨太太坐到她刚离世的丈夫旁边。当我进去送茶的时候，德·索萨太太像对一位久违的朋友那样感谢了我，我怀疑她已经忘了打过我这件事。多萝西简洁巧妙地重构了事件的整个过程，温和地询问德·索萨太太已知的情况，帮助她意识到自己已经有过不好的预感；多萝西还引导德·索萨太太讲出丈夫的健康问题，这样讲述者和倾听者都能听到。多萝西没有用提前准备好的套话或脚本，而是先问问题，再根据答案来回应对方，同时优雅而友善地给予对方全部的关注。

之后我不禁反思：只"按照规定流程"做事显然还不够好。我们需要新的"规定流程"，写明该如何倾听，而不是该说什么。我想，多萝西可以执笔完成这项重写任务。

多萝西带我离开德·索萨太太和她逝去的丈夫所在的隔间，去了主任的办公室。我很难受，不想再谈论这件事；我还感到悲伤、羞愧，觉得自己很无能，备受打击。

主任是创伤外科医生，他弓着背，一头白发，留着烟草黄色的小胡子，他是本市的传奇人物。"罗杰斯先生，"多萝西对主任说，"我要投诉。"我的心一沉。罗杰斯先生的目光离开桌上的文件，抬起头来。

"说吧，多萝西。"他严肃地说。

"这简直太过分了，把一个没经验的医生单独派去通知患者妻子，她的丈夫去世了，既没有资深医生的协助，也没有护士在旁边的见证和支持！"多萝西果断地说，而我惊掉了下巴。"您一直说要把我们年轻的医生培养成优秀的沟通者，但如果有资历的医生不是独自去通知，就是让年轻人自己去通知，那他们还怎么学？这太不公平了，这名年轻的医生刚被一位震惊愤怒的逝者亲属一拳打在脸上。"主任眯着眼，从他半月形的镜片上方打量着我，啧啧不已地摇着脑袋。

"挨揍了，是吧？"他用轻柔的苏格兰腔问我，"叫警察了吗？"他的声音温和得就像三月里的春风。

"我们不需要叫警察吧？"我回道，声音既不轻柔也不温和，我从没听过自己发出如此尖细和哽咽的声音，"是我的错！我吓到她了，我不是故意的。她的丈夫刚刚去世，她只是太震惊了，所以才没控制住自己。请别叫警察！"我啜泣着，惊慌不已。

他从桌前站了起来，用他的粗手指把眼镜往鼻梁上推了推，两步走到我面前，透过镜片眯着眼检查我的脸。"不用缝针，"他说，混着烟草味的气息冲我扑面而来，"但得贴个免缝胶带。"此时我才知道我脸上有明显的伤。"吸气！"他命令我，同时用他结实的手指按住我的右鼻孔，这样我就只能通过左鼻孔呼吸，而我左边的脸非常疼。他检查了我的颧骨，按了按我眼眶周围。他的手很大，动作却很轻柔。"没什么问题。"他满意地说。

"好了，多萝西，你帮她处理一下脸上的伤。我们必须和大家说一下通知患者家属噩耗的时候得有人陪同这件事了，我们得再强调一遍。"他说着，坐回桌前，点燃了烟斗，显然没理会医院的禁烟制度。多萝西拽着我白大褂的袖子，带我去了员工休息室。她让我安静地坐着，还没等我反应过来就走开了。我很感激，也很吃惊，而且才感觉到我的脸非常疼；我还很累，很难过，冷得发抖，还有点儿恶心。我坐下来，把一件护士披肩围在自己身上。

多萝西回来时，拿着免缝胶带和伤口敷料包。

"来，宝贝儿。"她安慰着我，坐到我身边，双手熟练地打开包装将无菌治疗巾铺在一旁的咖啡桌上；她倒出消毒水，擦拭我的脸颊，我疼得"哎哟"一声叫了出来，然后她用一支湿棉签擦拭我的下巴。我心想："天啊，我之前竟然顶着一张挂了彩的脸在科室里走来走去。"

她小心翼翼地在我的伤口处贴上免缝胶带，眼睛紧盯着手上的动作，全神贯注到连舌头都跟着使劲儿。我十分感激她这份安静的关怀，但紧接着，她又给了我更大的安慰。

"你现在感觉怎么样？"她问。我很想说"挺好的"，但我的眼泪却道出了事实。她轻轻拍了拍我的肩膀，让我安心。随着伤口的肿胀面积越来越大，我渐渐能看到左眼下方的脸颊。我裹着披肩哆嗦着，她敏锐地察觉出我的不适，她问道："你需要呕吐盆吗？"这时，我才发现她是一个多么善于观察且认真专业的医务工作者。我眨掉眼泪，摇了摇头，恶心的感觉正在消退。

"刚才的事太糟糕了，"她跟我说，"他们不应该让你单独去通知家属。我们有规定流程，应该有人跟你一起去：一方面是为了帮助那些遭受巨大打击的患者家属，另一方面也是为了做你的后盾。我们以团队的形式做这项工作，是因为只有这样才能保证我们可以安然无恙地继续工作下去。可他们并没有照顾好你。看看刚才都发生了什么！"

"但我本该做得更好，"我叹气道，"我应该像您那样，慢慢地、循序渐进地来。我应该坐下来，我应该……哦，我也不知道，也许应该'更有人情味儿吧'。"

"这项工作我已经做了十几年，"她回应道，"我已经练过很多次了。你分到这儿之后我一直在观察你，我知道你对患者非常友善，你根本不可能粗鲁地对待德·索萨太太，所以刚才的事不是你的错。罗杰斯先生需要再次提醒每一个人关于团队协作的重要性，无论是谁去通知患者家属都得有陪同人员，把正确做法教给你们这些新人。"她说"新人"的时候，温柔得像个骄傲的母亲。她的同理心令我感动得说不出话来。

她继续说道："你被打这件事是个可以用来教学的好例子，只有这样的事件才能改变大家的行为，因为单单用口头告诉他们怎么做根本不起作用。故事比规则更能改变人。"

故事就像人生一样，随着时间的推移向前发展，但我们只有在回首时，才能完全理解当时发生了什么。上述的故事也不例外。那位年轻医生"循规蹈矩"地直接把坏消息告诉了逝者家属，被打后她才学到，传达真相的温和方式，是让对方自己梳理并理解已经发生的事，自然而然地接受坏消息。多萝西是教会我"讲故事"这门艺术的老师之一，也是她教会我，讲述要从倾听开始。当时还是年轻医生的我，会慢慢学会如何倾听，如何让他人讲述自己的故事，如何让他们消化难以接受的事实；也会慢慢学会，当人们的愿望从获得成功和实现人生目标，转变为心态平和、与他人相互理解时，我们该如何支持他们。而我的患者会慢慢教会我，尽管人生路上点缀着成功，但成功并不是最终目标；到最后，这条路上真正重要的，是感恩、释怀、宽容和爱。

多萝西将继续作为这个科室的骨干认真工作，继续向领导诚恳谏言，继续安慰那些对急诊科的工作感到力不从心的实习医生。在那件事发生的三十多年后，我在医院的公开活动上遇见了她。那次活动由姑息治疗机构举办，目的是提高公众对"临终关怀计划"的认知度。临终关怀计划这个概念直到我挨打的那天，都还是无法想象的。多萝西当时已经在运营这家医院的信托基金担任理事。见面时，她先开口对我说："你应该不记得我了。"她的谦逊令我心潮涌动，我张开双臂拥抱了她。她在我耳边轻声说："我一直知道你是名优秀的医生。"我从多萝西的肩膀上放眼望去，仿佛看到了来时的路，顿时理解了三十多年前那个故事于我而言的意义。我完全明白，在多年前那个对我来说艰难的一天里，多萝西所展现出的专业和善良，是多么深刻地影响了我的工作实践、职业决策以及我从事沟通技巧培训的方法。

多萝西可能并没有执笔重写当年的那个"规定流程"，但正是在她的影响下，我写出了本书。

第 1 部分

如何开启一场艰难的对话

LISTEN

要想给别人提供帮助或支持，我们必须站在对方的位置，从他们的角度去理解他们所处的境况。这听起来很简单，但做起来却很难。我们常常因为冲动地想要帮助别人，而忽视了审时度势的必要性。

有些谈话的内容会触及人们强烈的情绪，参与这样的谈话是一门艺术。这时，我们可以使用一些技巧、养成一些习惯，以便在我们帮助别人时不会让对方觉得受不了；在我们表示自己愿意倾听时不会让对方觉得被冒犯；还要让对方知道我们始终会为他们保留一个空间，如果他们愿意，可以在那里吐露自己的痛苦。和谈话的艺术就在于，当对方情绪激动时我们能够坚定地使用这些技能。

接下来的几个故事中蕴含了一些"方法指南"（Style Guide），这套技巧适用于任何谈话，尤其是在情绪激动的讨论中。这些技巧都不难，只要多加练习你很容易就能记住并掌握。最终，它们将不再是你与人沟通时的"附加技术"，而是变成习惯，融入你的谈话风格里。这是好的方面。不好的方面是，谈论悲伤、可怕或令人沮丧的事情向来不易。无论我们如何练习，如果谈话真的十分重要，尤其当谈话对象是我们爱的人时，我们总会不经意地掺入自己的情绪，让谈话变得更难进行下去。

这就是为什么勤加练习那些技巧会有助益。无论是聊起朋友购物时的选择困难症，还是聊到同事对某项爱好的兴趣，每一次谈话都是我们练习这些技巧的机会。

打开"盒子"后，里面的故事会向我们展示一些关于助人谈话方法的简单原则。首先，我们会探讨如何开启一场温和的谈话，还有人们为什么在谈话中难以开口。其次，我们会研究一些其他的技巧，以确保自己听得准确，做到在谈话过程中真正理解对方；这些技巧包括：专心倾听、确保我们理解得准确，还要给对方时间作出反应。最后，我们会探讨如何平稳地结束这场激动或深刻的谈话，以及考虑应该在什么时候寻求帮助，来支持对方或者自己。

01

发出邀请，打开通往对话的大门

我们往往很难开启一场会引爆情绪的对话。无论是邀请喜欢的人约会，还是和最亲近的人讨论自己的葬礼安排，我们常会因为自己的情绪，或因为担心对方的情绪，而难以开口。找到一种大家都能接受的开场白方式，不仅能让谈话中的双方对赢得彼此的尊重和关注充满信心，还能为后续的讨论奠定和谐的基调。

不断询问病情的马宗达

"医生，我的扫描报告出来了吗？"连续三天，每次在我查房经过马宗达先生的床边时，他都会不停地这样问我。那是我正式成为医生的第一年。在外科病房的六个月让我确定，自己更适合做内科医师而不是外科大夫，虽然在手术时主刀医生精湛的技术令有幸做助手的我心向往之。

马宗达先生脸色惨黄，棕色的皮肤隐约泛着西柚皮一样的光泽，他眼白的颜色看起来像柠檬切片的青黄色。这次扫描只是检查中的一部分。当时，血检、X光和活检结果都出来了，我正在用这些结果拼凑马宗达先生得黄疸的病因。我知道，一定不会是什么好消息。他的扫描报告是作出诊断的最后一块拼图，有了它，主治医生就能把这个已经很清楚的结论告诉他：马宗达先生患了胰腺癌，而他最多还有六个月的寿命。

之前他问我时，我都会遗憾地笑笑，然后诚实地说："报告还没出来，马宗达先生！一有结果，我就第一时间告诉您！"但今天，我知道那个装着扫描报告的信封已经躺在我的办公室里，而那场宣布真相的对话也越来越近了。

马宗达先生的太太和他的弟弟每天都会来探望他两次。马宗达先生有一位深爱着他的太太，她每次来探病都穿着沙沙作响的丝绸纱丽，像女王一样款款而行，她沉静优雅的气质令病床边的塑料椅都显得尊贵起来。而马宗达先生的弟弟身穿西装，从来不坐下，还总是大声地讲话、开玩笑、紧张地来回踱步、拍拍他哥哥的手臂便匆忙地走开，拐过病房转角去擦拭眼角的泪水。马宗达先生会在探病时间前多吃几粒止疼药。"我不希望他们担心我，"他和护士说，"我不能让他们有负担。"

我拖着沉重的脚步向病床走去，他满怀希望地朝我微笑。我口干舌燥，脸上挤出僵硬的笑容，脑中的声音告诉自己，我这副样子就像在对整个病房大叫着"坏消息！"我努力地忽略这个声音。

"马宗达先生，今天应该就能拿到结果了。"我开口说道，心里却忍不住嘀咕："我的资历太浅，还不足以做他病情的传达者；我对这个疾病没有足够的了解，也提不出任何治疗方案。"

马宗达先生看着我的眼睛，我感到自己脸红起来，心里翻江倒海，心想："他要是直接问我怎么办？"

"如果结果好，医生，我想快点儿知道，"他说，"如果结果不好，那就等我弟弟在场的时候再告诉我。"

我不知道该说些什么。马宗达先生的弟弟说话像连珠炮一样，别人根本无法和他对话，他总是不停地说着八卦趣事，开着玩笑，问"你听过这事儿吗？"他自己都已经害怕成那样，又怎么能做他哥哥的坚强后盾？

"您太太一会儿来看您吗？"我问他，他说来。"她是个好妻子，也是个好母亲。她每天都来看我，"他停顿了一下，皱了皱眉头，接着说，"她很善良，给了我极大的安慰。"我能想象出她的沉静和温柔会如何带给他安慰，就在我准备要开口建议让他的太太，而不是他弟弟陪着他去见主治医生时，却听到马宗达先生说："但这也是不能让她听到任何坏消息的原因。她必须怀有希望，她必须心无挂碍地去照顾我们的孩子。"

我顿时明白：他已经知道了。我既安心又担心，心里十分纠结，思索着：接下来我该说什么？

"马宗达先生，我会把您的所有检查结果整理好，然后约卡斯尔医生今晚下手术后见您和您的家人。他一般在下午六点钟见患者和家属，您和您……弟弟方便吗？"我心想，我差点儿就说"太太"了，我真希望他的太太和他一起知道最后的结果。

他同意了，还十分体贴地没有再问我任何问题。剩下的事情就留待之后吧，我已经尽我所能了。我逃避了，没去仔细想他可能猜到了什么；我知道结果，他也知道，我们彼此都心知肚明。和沟通工作相比，外科手术似乎更简单，而我要学习的还很多。

开启一段可能会引起对方情绪变化的谈话需要勇气。我们会因为一些顾虑而退缩，比如：

- "如果我情绪化了该怎么办？"
- "我不够镇静，还没法开口。"
- "如果我让他们难过了怎么办？"
- "他们可能会问我回答不了的问题。"
- "我们怎么结束这场对话呢？如果我们都很痛苦该怎么办？"
- "他们如果不愿意和我谈该怎么办？"

以上这些想法都很现实，也很重要。我们会有这些想法，说明如何开启一场谈话并不是我们要克服的唯一障碍，我们还要考虑其他事情，比如，如何确认对方愿意加入这场谈话，如何引导谈话的方向，还有如何让谈话在平稳的氛围中结束，无论双方当时要沟通的事情是否说完。我们将在后面的章节中探讨这些问题。和其他事情一样，谈话必须有开始、中间和结尾。我们先看开始。

用问题确定正确的谈话时机

要开始一段谈话，我们需要考虑时机是否正确。我指的正确就是足够好的意思，因为我们永远不会找到完美的时间点。如果时间合适，且环境也给我们提供了谈话的契机，那这个时机就已经足够好了。而"方法指南"对此有两点建议：第一，对方也有选择的权利，如果对他们来说时机并不合适，他们也有权决定不谈；第二，我们并不需要一次性解决所有的问题，我们可以在谈了一些之后先"暂停"对话，然后另找时间继续。就像在舞会上，我们可以邀请别人共舞并尊重对方接受与否的决定，而且即便进入舞池，我们也不必一次就跳到筋疲力尽。

那么，我们如何得知，对于别人来说现在是不是正确的谈话时间？我们又如何确定，自己是不是对想要聊天的对象？与其纠结于猜测对方的想法，或者绞尽脑汁地把所有对话内容精炼总结到一句话里，不如直接提出你想和对方谈谈，或者邀请对方跟你聊一聊，这样反而更加平实有效。这实在太简单了，不是吗？

- "你看起来有心事，愿意和我聊一聊吗？"或者"我有些事情，不知道能否找个时间和你聊聊？"

- "我有些事情想和你谈谈，什么时候合适呢？如果你方便的话，我现在就有空。"

- 找一个谈话的引子非常有用，比如"你看过那个关于……的节目吗？""我很想和你聊一聊最近在电视上看到的事，行吗？"这样开启对话的方式，既简单又自然。

- "我最近一直在担心一些事情，想跟你聊聊。你愿意帮我一起分析分析吗？"遇到有人求助时，大多数人都不会拒绝。

当你发出邀请问对方"我们可以聊聊吗？"或者"你愿意聊聊吗？"时，接着你就该去了解对方想从何谈起了。"你想从哪里开始聊呢？"这个简单的问题就很有效，虽然听起来太轻巧太明显了，但这就是了解对方想从哪里开始谈的有效方法。

开启一段关于残酷现实的对话，有时会令人心生畏惧，因为我们害怕让别人感到痛苦。当然，并不是谈话导致了痛苦，而是对方所处的困境令他们痛苦。无论是担忧家人、失业、丧亲、心理健康、财务等问题，还是担心自己得了重病，其实谈论这些困境，并不会使情况变得更糟糕。实际上，有许多人觉得自己很孤独，正是由于家人和朋友害怕聊这些会令他们沮丧，索性就回避和他们接触。对这些人而言，明明感到痛苦却不能抒发出来，会使他们更加难过。

有些时候，当别人向你寻求建议时，对话自然也就开启了。在这种情况下，**相较于问"你想从哪里开始聊？"，跟对方说"跟我讲讲你知道的事吧"或者"把我需要知道的告诉我吧"会更有助于开启话题。**以这样的方式邀请对方主动把他们想说的告诉我们，能避免我们莽撞地误入对方不想和我们讨论的领域。

从邀请谈话开始，我们便打开了通往对话的大门，让对方能够选择接受或者拒绝邀请，并做好进入严肃讨论的思想准备。这种征求同意的方式，十分必要，因为只有双方力量越平衡，才能谈得越顺利。

在这种平衡状态中，只有当双方都齐心合力，而不是一方强加于另一方的时候，才能把困难的情况聊透彻。你可能的确真诚地想要发出邀请，但若对方不是在职位上低于你的同事，就是要依靠你获得工作或保障的人，他们可能难以表示拒绝。这时，你如何向对方表明他们有权选择呢？

选择令对方安心的场所

谈话的场所同样需要考虑周全。你能不能调整一下座位，让双方处于同一高度？你能不能安排在对方觉得安心的地方见面？你有没有什么方法能让谈话的氛围更轻松？在我的行医生涯中，如果要同患者和家属讨论比较敏感的病情，我会为他们沏上几杯热茶：这样一个细微的举动，就把"看诊"变成了交谈。

而让人安心的场所通常具有私密性。对有些人来说，不受打扰、熟悉、令人感到踏实的地方，就是让他们安心的场所；有些人则需要等亲友到场，旁听或者加入这场对话，才能让他们感到安心；还有些人想趁房间里没有其他人时，抓紧时间开始谈话，避免了他人旁听的压力。

关于正确的时间，可能是指对方觉得安心的时候，又或是对方的身体稍感舒适时。比如，一个身患重病的人，可能想在进行重要对话前先吃止疼药或者小睡一会儿，以便在他正式进入谈话后能更好地集中注意力。他们会告诉我们什么时候谈话合适。这就是邀请，因为我们给了对方选择权。

不肯就医的斯蒂芬太太

斯蒂芬是我三十年前的邻居。他是一名出色的园丁，当我还是个园艺新手的时候，他指导过我修剪花园里的玫瑰。我们有时会聊些其他事情，但大部分时间，聊的都是他太太艾琳。艾琳是位厉害的厨师，她还擅长花艺。斯蒂芬负责侍弄花园，这样艾琳就有取之不尽的素材插漂亮的瓶花。有一年春天，在我数次去他们家求教修剪技巧后，斯蒂芬跟我聊到了他太太的健康问题。

斯蒂芬注意到，他太太上楼梯时总是气喘吁吁的，晚上还会时不时地醒来，因为她感觉"不舒服"；然后她会慢慢晃到楼下客房，垫着五个枕头继续睡。艾琳跟斯蒂芬说，别大惊小怪的，我们就是变老了，我没什么事。"我们都八十多岁了，斯蒂芬！"她叹气道，"只要我还能做家务，你就没什么可担心的。"

可斯蒂芬真的很担心艾琳，不聊这件事并不代表它不存在。斯蒂芬跟我说，自己有朋友得了肺病和心脏病，起初只是气喘，但情况逐渐严重，直到最后去世。斯蒂芬无法想象没有艾琳的生活，如果她生病了，他希望她去看医生。斯蒂芬想让我去他家里劝劝艾琳，但这件事需要他们两人一起解决，况且艾琳是很重视隐私的人。所以我只是边剪着我的玫瑰，边听斯蒂芬跟我讲他的担忧。

斯蒂芬说他每天都要唠叨这件事。"艾琳，你昨晚又因为气喘醒了吧，我马上帮你预约医生。"

"别瞎操心我了，斯蒂芬！我没事！医生有更重要的事做呢！"

事情陷入僵局：斯蒂芬极力劝说，艾琳坚持拒绝，而她的气喘也不见好转。没有人喜欢别人告诉自己该做什么，不是吗？我问斯蒂芬，有没有其他艾琳信任的人，可以问问那个人的建议。

斯蒂芬给艾琳的妹妹宝拉打了电话，向她求助。宝拉比艾琳小几岁，两姐妹每周都会去城里见面，一起喝咖啡、吃甜点。斯蒂芬跟宝拉说了艾琳的症状，还有她不肯去看病的事。

"你了解艾琳，斯蒂芬，"宝拉说，"她总是这么倔，你说东，她就往西。也许你得退一步。"

"但如果我让步了，她还是不会去看医生，"斯蒂芬说，"我真的不知道该拿她怎么办，我都努力了五十年了。你愿意和她聊聊吗？"于是，宝拉同意了。

宝拉另辟蹊径。她给艾琳打电话，说："艾琳，我不想拐弯抹角的，也希望你坦诚一点儿。斯蒂芬跟我说他担心你的气喘，现在我也很担心你，我想多了解一些你的情况，我们能聊聊吗？不用非得今天，你什么时候准备好了都行。"邀请发出，现在轮到艾琳表态了。艾琳有点想发火：她的家人背着她聊她的情况。但她知道他们是出于关心，而非恶意。而且，她必须向宝拉承认，自己也有些担心。

"只要你准备好了，艾琳，我什么时候都愿意陪你聊。但我们常去的咖啡厅可能不太适合聊这个话题，那里人多耳杂，"宝拉说，"你想在哪里谈呢？你更想和我聊还是更想和斯蒂芬聊呢？或者同我们俩一起聊？我知道他很担心你，这使他变得有些强势。你希望我来陪着你，给你打打气吗？"宝拉给了艾琳几个选择，这样就可以让艾琳自己决定，而不是迫使她要如何做。

"你来我这里吧，宝拉。我沏一壶茶，我们一起和斯蒂芬聊聊。然后我们俩再一起出去吃蛋糕，享享清静！"

斯蒂芬知道后很高兴。艾琳选择了聊天的时间、地点和对象，她是这场谈话的受邀方，而不是被迫去参与谈话。邀请的魔力在于，它给了艾琳掌控感。这小小的改变，让艾琳可以选择什么时候去聊这件事，她还顺便定好了谈话结束后如何让自己开心起来。这场谈话的开始和结尾都安排妥当了，我相信，中间的过程也一定会很顺利的。

02

为理解而倾听

你最近一次真正感到有人倾听自己是什么时候？你什么时候感觉对方不只理解了你说的话，还理解了为什么你们讨论的事对你十分重要？对方是如何让你感到他们是在用心倾听你的？我们现在思考的并不只是有人听自己说话，这个人还得听懂我们说了什么。

因身材而焦虑的利奥妮

这天是门诊日。我是刚到内科门诊的初级医生，负责内科门诊的主任医师是一位教授，也是治疗甲状腺疾病的国际权威专家。

我所在的检查室里的患者是一名年轻女子，她的病历上写着非常典型的甲亢症状：体重减轻、多汗、双手发抖、心悸、情绪焦虑。她名叫利奥妮，和我同岁，在城里的鞋店工作，那还是我最爱的鞋店。我们讨论了她甲状腺的问题和我要给她安排的检查；我们还聊了鱼嘴鞋和高跟鞋。这时轮到教授来见利奥妮了，确认一下我有没有遗漏什么，然后批准了我的检查和治疗方案。我和这名患者相处得十分融洽，为此我很骄傲。但我们都知道，骄傲的后果是什么，不是吗？

"她患的就是很普通的甲亢。"我在门外和教授说。我复述了脑海中记住的血检和甲状腺扫描的结果，汇报了患者没有怀孕，所以放射碘治疗是安全的。教授点了点头，打开门，让我回到房间里向她介绍患者。

这位教授身材高挑，十分优雅。她在检查床的边上坐下，好让她自己和利奥妮的视线持平。利奥妮倚靠着坐在床上，身上盖着毯子。教授微笑着握住利奥妮的手。我知道，她会通过这个动作，一边聊天一边检查患者的脉搏速率，还有手掌有没有出汗和发抖。"你的婚礼定在什么时候？"教授问利奥妮。

婚礼？我吃了一惊。

利奥妮顿时脸红起来，深吸了一口气，然后她那双圆溜溜的大眼睛开始泛起泪光。很快，泪水顺着她的脸颊簌簌滑落。

教授等待着，从床边抽出一张纸巾递到利奥妮手中。利奥妮手上戴着订婚戒指，我之前却没注意到。利奥妮轻轻擦了擦眼睛，哽咽着，咽了下口水。

"好些了吗？"教授用关切的口吻微笑着问道。利奥妮点了点头。

"是不是有些难过？"教授问她："愿意和我说说吗？"

利奥妮迟疑了一下，说："我不能以这个样子结婚。"说完又开始哭起来。教授松开了她的手，继续等待着。紧接着是一阵漫长的沉默。我之前从未注意到，墙上时钟的滴答声会如此响亮，毛玻璃窗外的汽车噪声会如此嘈杂，而在这凝固的安静中，我的心跳声听起来会如此之大。

"礼服，"利奥妮开口，又停下咽了咽口水，"礼服的尺寸太大了，领口空荡荡的，而且我脖子上的肿块看起来也太大了。"她又接着抽泣起来。

甲亢患者体重会减轻，利奥妮很瘦。我非常仔细地看了她的病历，因此知道她在短短三个月内，体重掉了九斤。"把婚纱改小很容易，她如果是体重增加，那才更难办。"利奥妮确实有轻微的甲状腺肿大，但接受治疗后肿块就会消失；她脖子上的肿块基本看不出来，我是仔细地检查后才发现的。"照片里肯定看不到。"我一下子就能想到这么多安慰她的话。

但教授却没说这些。

教授说："你觉得自己好像变化很大，所以很难过。"利奥妮点头，又落下几滴眼泪。"我看起来都不像我自己了，"她说，"如果卢克离开我，我不会怪他。"

教授点了点头，等着看利奥妮是不是还有话要说。见她没有再开口，教授才说："你觉得自己变化很大，担心这会影响未婚夫对你的看法，是吗？"教授总结道，利奥妮再次点头。"这也影响了你对自己的看法吗？"教授温柔地问。利奥妮点了点头，她在检查床上晃动着瘦弱的身体，抱紧胸前的毯子。我开始明白，重要的并不是礼服合不合身，而是利奥妮接不接受自己身体的变化。

教授只问了四个问题，这中间她保持沉默的时间远多于对话的时间。然而她却在提问的短短几分钟里，找到了这场谈话最核心的问题。我了解这名患者所有的情况：她的身高、体重、脉搏、鞋号；但我了解的只是她身体表面的问题，而不是她心里最担心的问题。

在忙碌的日常生活中，我们会接触到大量的信息，但真正接收到的却不多。我们必须消耗这些信息，否则会被它们淹没：广播、电视、社交媒体、家人、朋友、同事、客户、电话、短信、邮件、聊天——我们被"通信"轰炸，却很少能感受到自己在真正的交流。

怎么听比怎么说更重要

在一场重要的谈话中，若想高效地沟通，我们怎么听比我们说什么更重要。细心倾听有助于我们理解对方的想法，而充分的理解可以帮助我们把握谈话的节奏：不要一次性说太多，我们要顾及对方的观点，倾听对方的想法，并留意对方的情绪。在这场谈话中，我们要步调平稳，张弛有度。

让我们先忘记说话这件事。我们只倾听，不去想接下来要说什么：倾听，不是为了回应对方，而是为了理解对方。这样做就会有沉默的时候：对方整理思绪时会沉默；我们思考对方的话时会沉默；谈话中有人变得情绪化，我们也会沉默。为理解而倾听，意味着我们只有在完全消化了对方说了什么之后，才能去想接下来该说什么。

接受而不评价。每种心理学实践模式都奉行"倾听而不评价"这条准则。说话的人只有充分描述他们的经历，我们才能了解他们的所见所感；更重要的是，经过一番全面描述，他们也能以新的视角去看待自己所处的情况，可能由于之前深陷其中而不知全貌。如果担心倾听者会评价自己说的话、经历的事或者应对的方式，说话的人在描述时就会有所保留。他们需要把自己的故事"和盘托出"，但这确实是项艰巨的任务。讲给陌生人听或许比跟我们在意的人讲更容易；而向自己的家人、朋友，或者向有影响力和地位的老师、领导诉说，尤其困难，因为我们会担心让亲友失望，害怕让老师或领导不悦，以至于影响自己的前程。作为倾听者，唯一有益的评价，就是知道对方能如此信任我们，是我们的荣幸，我们必须竭尽所能去对得起这份信任。

重视沉默。谈话中的沉默，是双方都在思考的时刻。一场谈话如果只是为了传递信息，那就不怎么需要沉默。比如，你要告诉我今晚见面的时间地点，而我又很熟悉那个地方怎么去，那么这段对话就会很简洁：

"那我们今晚见？七点半在电影院门口怎么样？"

"好的，等会儿见！"

但是，如果不只有一家电影院，或者我不确定从之前的活动地点耗时多久能到约定的电影院，那么我需要停下来想一想，然后说："我不确定七点半前能到。电影什么时候开始？"

这样一来，你也需要花些时间思考：回想一下电影开始的时间，计算一下开场前的广告能不能为对方提供一些缓冲时间，或者看看这部电影晚些时候还有没有其他场次。

在谈话中，沉默可以放慢一切节奏。慢下来，便于我们能更好地关注对方正在说什么。对很多人来说，放慢节奏还能让他们在面对重要的、激动人心的或期待已久的谈话时，减轻焦虑。但你要注意，假如对方还没准备好讲述自己痛苦的想法，盼着对方说话的那种沉默，会让他们感到不安。我们会在本章第七节中更深入地探讨如何恰当地运用沉默。我们不要打破沉默，但可以用简短的鼓励点缀其间，比如"没关系，我在听。""慢慢来。""我知道你要考虑的东西有很多。"要注意，你若直勾勾地盯着对方会让他们感到慌乱或者匆忙作答；你若移开目光或者向下看，反而能给他们一些思考的空间。

因此，沉默有助于谈话进行下去，给彼此留些沉默的空间，别去打破它。

确认你的理解。"为理解而倾听"还意味着要不断确认我们"真的"理解了对方所说的话。这个道理过于明显，所以经常被忽视。当别人跟我们说他们担心的问题时，我们如果能时常检查一下自己是否确实理解了对方的意思，会对他们更有帮助。我们可以问对方："如果我理解正确的话，你主要担心……我说的对吗？"或者"听起来，你最难过的是……"然后停下来，让他们肯定或者纠正我们。这种方法能让我们确定自己真正理解了对方。

为了确认自己的理解，我们在谈话时偶尔打断讲话的人，通常并不会令对方不快。事实上，这么做反而让对方觉得我们在认真地倾听他们，同时还能减缓谈话的节奏。当对方倾诉盘旋在他们脑海中那些混杂的想法、情绪、话语、回忆和猜测时，放慢讲话的速度能让他们更清晰地表达它们。很多时候，他们只要大声说出来，就能帮助他们反思整个情况，找到应对的新方法。

"谢谢，你真的让我明白了这个道理。"我们倾听的对象经常这样说。实际上，一切全是他们自己的功劳，倾听者只是给他们提供了安心的空间，然后认真地听他们说而已。

总结和确认非常重要。我教我的学生把倾听当作跳华尔兹舞，循着这样的节奏倾听他人：问题，问题，确认；问题，问题，总结。如果倾诉者不去频繁地复述和总结，我们很容易误以为自己已经理解了对方，而实际上，我们会对听到的内容形成了错误的假设。所以，确认我们的理解是否到位至关重要。

留意倾诉者的情绪

"为理解而倾听"不只与倾诉者说了什么有关，还意味着我们在关注对方说了什么的同时，要留意对方的感受。倾诉者可能会流泪或攥紧拳头；可能会双唇颤抖或激动地叫喊；可能会说出情绪激烈的话语；可能会通过说话的方式或身体语言，在谈话中表露他们的情绪。留意倾诉者的情绪能让我们更好地理解对方，确认我们对他们情绪的理解和确认我们对故事的理解到位与否同样重要。

我们可以用提问的方式来确认自己是否理解了倾诉者的情绪，比如"跟我说这些会让你难过吗？"或者"回想这件事时，你生气吗？"我们也可以指出自己观察到的情绪，然后确认我们的观察是否准确，比如"你听起来对此很兴奋，是吗？"或者"对我来说，这些听起来很可怕。这会让你感到焦虑吗？"告诉倾诉者我们怎么理解自己观察到的情绪，会让他们停下来思考。他们之前可能过于深陷其中，还没有消化这些情绪，他们也许需要沉默一阵再来思考我们的观察。想让倾诉者思考得更容易一些，我们可以把自己的想法用提问的方式告诉他们，切勿表现出自己能完全理解他们对眼前复杂境况的感受。

在谈话中，不时地让倾诉者总结一下，也是共同推进谈话的有效方法，如果他们在谈话过程中能够接收到新的信息，这个方法就变得尤为重要。如果我在谈话时向患者或家属介绍了新的医疗信息，或者跟他们讨论了可供考虑的新治疗方案，我就会请他们总结一下谈话的内容。我通常会问："你怎么跟父母解释我们今天聊的内容呢？"或者"你怎么向家人介绍那些新的治疗方案呢？"回答这些问题能让他们确认自己的理解，而练习大声地讲出这些新信息，也能让我留意到他们可能忽略或误解了什么细节。沟通需要双方共同努力：如果对方有理解错误的地方，我们需要一起回顾、重新讨论，因为我之前并没有解释透彻。我们要确认对方的理解，别问"你明白了吗？"，而要问"你明白了哪些内容？"

承认解决问题并不简单。对于谈话中倾诉者所描述的困境，可能有貌似显而易见的解决方法。要是你想到的方法能轻而易举地解决对方的困难，那他们肯定早就解决了：我们急着给对方出主意不仅对他们毫无帮助，还会让他们无法讲出自己的困难。

接受激动的情绪。听到倾诉者在描述自己的处境有多难时，你可能会很想安慰他们，或者转换话题，以减轻他们的痛苦。但那个痛苦的情况还是会留在他们的心里，不谈论并不会让它消失。当困难真实存在时，对倾诉者来说，空洞的安慰毫无意义。尽管我们可能会觉得不舒服，但"为理解而倾听"要求作为倾听者的我们承认困难并允许情绪的存在，而不是抑制情绪的表达。

记住：你不需要知道该说什么。全神贯注地倾听对方，不要分心去想接下来你该说什么、怎么解决这个问题，或者去想任何其他跳入你脑海的想法；也不要任由自己总想着去找安慰的话说，听就行了。相信自己，就像你的双脚能跟着陌生音乐的节奏舞动一样，到你该说话的时候，你自然就会知道要说什么，而且这些话是你发自内心的，不是绞尽脑汁想到的。你的任务不是解决问题，而是倾听。

善于倾听的埃洛伊丝帮妈妈解开心结

"你爸快把我逼疯了！"埃洛伊丝的母亲在电话中喊道。埃洛伊丝背着双肩包，包里面装满了食品杂货，她一只手推着婴儿车，另一只手拿着电话，在港口前面找到一片阴凉地，把婴儿车停好。在这儿，宝宝能看到渡船和上上下下的乘客。

"嗨，妈妈！"她说。她的母亲打来电话，连招呼都还没打，就开始吐槽她的父亲。"爸爸现在和你在一起吗？"

"他去温室里了，说要给他的西红柿喷药。但现在大半夜的！还是在二月份，大冷天的！他在搞什么？他干吗要这么气我？"

一丝熟悉的恐惧感紧紧地揪着埃洛伊丝的心。父母离她太远了。此刻身在新西兰的她，能够想象出父母在苏格兰舒适的家，她妈妈正拿着装在餐厅墙上的老式电话跟自己通话的画面。圣诞假期回去探望他们时，她就想和她的父母聊一下父亲记忆力减退和注意力分散的问题，但他们十分抵触。她回到新西兰后，对他们两人都很担心。

"妈妈，爸爸穿了什么衣服？"埃洛伊丝问。妈妈说，他直接在睡衣外面穿了件干农活的套衫。"他还戴了那顶头上有个球的毛线帽！他知道我讨厌那顶帽子！"隔着电话，埃洛伊丝都能感受到母亲苦恼的困惑。妈妈好像觉得，爸爸反复无常的情绪和行为是他精心策划的恶作剧，目的就是刺激自己。埃洛伊丝明白，在某种程度上，妈妈更容易接受这样的想法，因为她无法面对自己的丈夫可能被困在他自己混乱的世界里这个事实。

"妈妈，你还记得我在圣诞节时，想跟你谈谈关于爸爸情绪方面的问题吗？"埃洛伊丝小心地问道。她的宝宝正对着一只栖息在港口栏杆上的海鸥轻声地咿咿呀呀。妈妈沉默了，埃洛伊丝等着她开口。

"妈妈？你还在吗？"过了片刻，埃洛伊丝问道。"我在呢。"妈妈说，"我不喜欢你那样说你爸。""我知道，妈妈，我知道。我爱你们，但我也很担心你们俩。"埃洛伊丝摇晃着婴儿车，宝宝笑了起来，紧接着她问妈妈："妈妈，你一点儿也不担心爸爸吗？""我当然担心！他现在大半夜的在外面挨冻！"妈妈喊道。"嗯，妈妈，怕他在外面受冻是担心，"埃洛伊丝说，"我也担心这个，但我更担心的是别的。你呢？"

又是一阵沉默。埃洛伊丝单肩背着包，在包里面给宝宝翻找零食。这次谈话可能要花很长时间，而且早该谈了。她知道，在沉默中，她妈妈会忍着眼泪，一边努力想着该怎么说，一边思考着爸爸行为上的变化；她妈妈会考虑，提这些事算不算背叛，想象着把心里的话大声说出来有多么可怕。埃洛伊丝等待着。

最后，她听到妈妈说："我觉得他越来越糊涂了，埃洛伊丝。我觉得他的状况不太好，我不知道，我只是不知道该怎么做。"

"哦，谢天谢地！妈妈终于说出来了！"埃洛伊丝心想。但在电话里，她只是说："所以，你觉得他有些地方不对劲儿，但你也不知道该怎么办。"她停下来，等待着。电话里没有回应，她又问道："我理解得对吗，妈妈？"

过了一阵，她妈妈回答："我觉得他不对劲儿有一阵子了，但我一直觉得，这就是我自己的胡思乱想。但是，但……哦，埃洛伊丝！昨天有一会儿他不认识我了。他觉得我是他办公室里的清洁工。"妈妈的声音断断续续的，埃洛伊丝的心揪了起来，恨不得跨过大半个地球，去抚慰母亲的悲伤。她不知道该怎么回应妈妈说的这件事，怎么去安抚妈妈声音中的失落，她只能听从自己内心的声音，说："哦，妈妈，你一定难过极了。"

埃洛伊丝又摇了摇婴儿车逗宝宝开心。她和父母远隔半个地球，她感觉自己的心都碎了。"谢谢你跟我说这些，妈妈。这一切听起来太让人难过了。所以，你注意到这些变化好像有一段时间了，只是还不太确定？"

电话那头变得嘈杂起来，她能听到妈妈和爸爸两个人的声音。爸爸从温室里回来了，太好了。在苏格兰二月的凌晨还待在室外可太冷了。

"妈妈，爸爸，你们在吗？"她问。电话里又传来妈妈的声音："他回来了。我去倒两杯热可可，然后我们就睡觉了。我明早再打给你，亲爱的，谢谢你听我说这些。"

"再见，妈妈。帮我亲爸爸一口，再帮邦尼宝宝亲一口。她在看海鸥呢，我们等下坐轮渡回家。"

"你爸爸说宝宝该睡觉啦。"妈妈说，"他不记得奥克兰跟我们有时差了，但至少他意识到我们这里是睡觉时间了！回头聊，再见亲爱的。"妈妈挂了电话。

埃洛伊丝给小邦尼擦了擦脸，背上背包，然后向她们乘坐的轮渡走去。或许因为没有面对面聊天；或许因为发生了今天这件事；或许因为她用了提问的方式，而不是直接告诉妈妈她发现了爸爸的变化；又或许因为她努力去倾听而不是直接给出建议：埃洛伊丝不确定这次谈话究竟是哪里不同，但妈妈终于向她吐露爸爸出了问题。这是她和妈妈共同迈出的第一步，而且是一大步。埃洛伊丝回想到，圣诞节时她就想和妈妈"好好谈谈"，但其实她真正应该做的是"好好倾听"。她推着婴儿车上了轮渡，找了个靠窗的座位。小邦尼能看见窗外的其他船只停靠在洒满阳光的平静海湾里，而埃洛伊丝则思考着她深爱的父母即将面对的风暴。

埃洛伊丝认真倾听妈妈的话，为妈妈留出沉默的空间，还确认了自己理解了妈妈的话。埃洛伊丝知道情况很复杂，有实际困难，对情绪的影响也很大；她知道妈妈很焦虑，很担心爸爸，也担忧未来；她指出了妈妈的难过之处，并确认自己理解了妈妈的担忧——她妈妈看出了自己丈夫思维上的变化。当她们短暂的交谈结束后，埃洛伊丝和妈妈了解了彼此的想法，并在爸爸的问题上达成了新的共识；当妈妈准备好探索下一步该怎么做时，她们可以在此基础上继续交流。

03

理解谈话中的"温和"

我用"温和"（tender）这个词来描述敏感的谈话，已经很多年了。起初，我只是自然地选了这个词，来替代具有"恐惧"含义的词，比如"勇敢的谈话""有挑战的谈话""困难的谈话"，这三个词会引起人们的自我保护反应，与谈话所需要的"我来帮助你"的心态截然相反。在我看来，温和的态度，最适合痛苦的谈话，无论痛苦的是一方还是双方。以温和的姿态处之，表明痛苦并不是需要克服的东西，而是要以体贴和尊重之心对待的经历。面对痛苦，我们不退缩，而是全身心地投入：这样的谈话，与困难、勇气、挑战无关，只需要我们专心致志、全神贯注。

tenderness 一词译为压痛，也有触痛的意思，是个人对自身疼痛的敏感反应。我们都熟悉身体的触痛：我们经历过牙痛，知道牙痛发作时，自己多么恐惧咀嚼时那一阵令人龇牙咧嘴的疼；我们了解腹痛的滋味，还有腹痛时多么害怕别人碰我们疼痛的部位；崴过脚的人都知道刚扭伤的脚踝处会有隐隐的抽痛，提醒着我们那只脚再踩在地上会有多疼。对疼痛的敏感反应，使我们在"触碰"之前，警告我们不要冒险。情绪上的触痛也是一样的，我们意识到痛苦就在眼前，于是想要尽量减少陷入痛苦的风险。

敏锐感知彼此的痛苦

作为专业医生，在检查患者疼痛的腹部时，我会十分注意患者是否不适：我会向对方解释为什么需要触摸他们，并征得对方的同意；会向对方保证，如果他们感觉太疼的话，我会停止检查；还会始终注意观察患者的面部，看对方是否有痛苦的表情。如果检查对象是儿童，当然大人也一样，我会让他们握住我的手，指引我去触碰他们疼痛的正确部位，好让他们有掌控感。如果患者的肚子一碰就疼，那么医生必须十分小心。事实上，在检查的过程中，医生每时每刻都必须温和细心地留意患者的疼痛。

同样，**只有谈话中的双方能够敏锐地感知彼此的痛苦时，"温和"谈话才能顺利进行**：我们要细心柔和地交谈，以免触及对方的痛处。与检查患者疼痛的腹部时一样，如果谈话会令对方痛苦，那么我们必须做到敏锐地留意他们的痛点，但不要回避谈话。

我起初只是自然而简单地想找一个积极的词，来替代"困难""勇敢""有挑战"这类词，去描述诸如此类的重要谈话。但后来，我选词时更加小心谨慎，因为一旦给谈话贴上有问题的标签，就会让标签带有负面的含义，进而影响双方的互动。什么词才能准确地描述这些谈话的特征呢？这些——因为初衷是好的，尽管可能会令人感到痛苦但仍是"善意"的——谈话。这个积极的词既要能体现出我们对谈话的关注和重视程度，又要能体现出我们面对谈话时的"温和"态度。选词这项任务比较棘手，所以承担这项任务的人必须具备足够的敏感性。

向受伤之人给予关怀

在谈话中我们还需要关怀他人。当警察要宣布坏消息，或者医生要传达严重的诊断时，谁都没有办法避免消息可能会给接收的人造成的痛苦。因此，警察和医生只能在传达消息时，尽量"关怀"接收消息的人。有时候，我们只能努力地把伤害降到最低程度，但若逃避这场能改变对方生活的谈话，反而会对他们造成更深的伤害。

对于提供陪伴或支持的家人和朋友来说，他们需要在谈话中"慷慨"地付出时间和精力。我们要知道，在所有此类谈话中，我们说的话、问的问题和我们的态度，既能安慰人，也可能触及他人的伤口。我们陪伴的人心中有伤，所以在回应时，我们必须意识到他们的伤口，以及那伤口有多么容易疼。我们要意识到他们的"触痛"。

因此，即便我们不站在支持者的角度，也要先从需要支持的人的角度出发，**"温和"既体现了他们作为需要支持的人的脆弱，也包含了我们作为支持者应该持有的态度。**无论在什么情况下，谈话中都需要传递消息的人和陪伴的人，以温和的态度直面对方敏感的痛楚。这就是温和谈话。

如果你有任何疑问的话，就打开字典，不但要查"温和"的定义和近义词，还要查它的反义词。这样做，你能找到一长串"温和"的反义词。我听过受伤的人用那些反义词来形容他们与不同的人进行的糟糕的谈话，这些不同的人包括医生、家人、律师、银行和保险公司的接线员、政府机构和公共事业公司。受伤的人们用"粗鲁、冷酷、残忍、铁石心肠、无情刻薄"等词来形容那些谈话，简直能出一本"不敏感词汇大全"。在那些谈话中，他们感受不到共情；对方既没有意识到他们的痛苦，也不在意他们的敏感。由此可见，不温和的谈话反而会带给人们不必要的痛楚。

沟通技巧培训，如果叫作"温和谈话"培训，而不是教人"如何传达坏消息"或者"进行困难的谈话"的课程，大家会怎么看这个培训呢？要是我们把必须和同事、亲友聊的"尴尬对话"看作"温和共处"的时光，我们会怎么想这些对话呢？传达坏消息的人如果了解，在他们以温和关怀的态度讲出坏消息后，对方虽然还是会痛苦，但这痛苦能指引对方应对自己所处的情况，那么这时，传达坏消息的人又会怎么看待传达坏消息这件事呢？其实，让接收坏消息的人痛苦的是他们面对的情况，而不是传达坏消息的我们。

在温和谈话中，我们给了对方"承受痛苦的安全港湾"[①]**：我们没有造成他们的痛苦，但我们可以在他们痛苦时给予陪伴和支持。**在他们消化难以接受的消息时，我们花时间陪在他们身边，也是在告诉他们，他们的处境和情绪值得我们花时间去关注；在那样的情况下，他们很容易感到绝望孤独，我们温和地照顾他们的需要，是雪中送炭；当他们经历情绪风暴时，我们陪在他们身边，虽然不能减轻他们的痛苦，但能避免让他们产生在痛苦中遭受抛弃的错觉，不必再承受额外的痛苦。

我们温和而安静的关心，向受伤的人们证明了他们的触痛有人知道。

这就是温和谈话。在谈话中，我们要有勇气、技巧和决心，还要愿意让自己显露出敏感脆弱。温和是一种美德，我们要足够坚强才能做到。

---

① "承受痛苦的安全港湾"这个表达，最早由精神科医生埃夫丽尔·施福德（Averil Stedeford）在她的著作《面对死亡》（*Facing Death*）中提出。

04

用好奇心开启话题

　　小朋友的好奇心无穷无尽。他们总是有一箩筐的问题。他们会停下脚步仔细观察大人往往忽略掉的小细节，比如树叶上的瓢虫、戴着奇怪帽子的人、不同狗狗的叫声、自己的左手和右手的区别。好奇心引导小朋友去探索世界是如何运行的。他们边积累信息，边分类比较，再把这些信息在脑中存档。当体验新的经历时，如果这些经历与先前的经验相符，他们就去存档信息中检索；如果不相符，就重组脑中的信息。对小朋友来说，每个新的发现都无比迷人。在他们的小脑袋瓜里，并没有什么"对错""好坏""可能或不可能"的答案。他们只是单纯地收集信息，并用这些信息去解读自己的经历。

　　就好奇心和提问技巧来说，小朋友是我们在谈话方式上的榜样。好奇心能帮我们构思问题，去探索和解析复杂的信息。让我们在下面的故事中，看看小朋友是怎么进行好奇探索的。

波莉的提问让我体会到好奇心的魔力

"嗯，但为什么呢？"波莉坐在海边的礁石上。她的小红桶里有一只小螃蟹，波莉为它取名叫海蒂。她跟我说，海蒂需要朋友。但桶里的水在阳光下晒得很热，而且我们也该和波莉的父母会合，一块儿去滨海平台吃冰激凌了。所以，我们要把海蒂放回礁石间的小水潭里了。

"我想给海蒂找个朋友，把它们带回家当宠物养。"波莉用她三岁的稚嫩声音低吼着，非常坚定。"妈妈会答应的。"

在和孩子讨价还价方面，我毫无经验。波莉的妈妈是我的朋友，我只是在他们夫妻俩去见产科医生做孕检的时候，负责带着波莉在海边的礁石上玩儿。几个月后，波莉就会有个小弟弟了。

给小螃蟹找朋友的讨论陷入了僵局。我不想和波莉因吵起来而惹人注目，就索性在她身旁的礁石上坐下来，和她一起盯着礁石间的小水潭。

"大海为什么离我们这么远呢？"波莉问道。她抬起头，顺着肩膀的方向远望沙滩尽头的海面。现在正是退潮的时候，所以我们才能走到礁石上探险。怎么解答波莉的问题呢？潮汐、重力、月球、地球，我要从何说起呢？

"海水每天都会缓慢地涨上来和落下去，"我向她解释道，"今天再过一会儿，海水就会漫上来，盖过这些礁石了。"波莉转动着小脑袋，在心里丈量着远方轻轻拍打沙滩的海浪到我们所在礁石的距离，非常远。

"什么时候？"她问。

"差不多六个小时后，"我说，"大概是你今晚要睡觉的时候。当海水漫过这个小水潭，里面的小鱼小虾就都能回到大海里游泳了。如果海蒂在这儿，它就能和在别的小水潭里的朋友一起玩耍了。"

波莉并不想回到海蒂的命运的话题上。她刚刚得知大海会移动，海水会涨落。这可是重大发现！

"海水是怎么知道要走多远才能到达海滩的呢？"她问。"我不知道，"我承认道，"我想它只是在该后退之前，能走多远就走多远。"

"有人在海水涨得太高之前把水龙头关上吗？"波莉又问。我一时语塞。"浴缸里的水要是太满，爸爸就会把水龙头关了，"她耐心地跟我解释道，"他说不然会发洪水的。"她停下来，小眉毛皱了皱。"什么是洪水？"

"洪水就是，水出现在不该出现的地方，比如浴室的地面上，"我解释道，"有的时候，如果河水太满，就会漫过河堤，淹没田地、道路。有时海水涨得太满，就会漫过沙滩到公路上。"波莉看起来大受震撼。"那边的公路吗？"她指向岸边。"是的，就是冰激凌店那里。"我回答她。"啊，那儿肯定一片混乱。"她说道，一副洞悉一切的样子，"应该把大海里的水龙头赶快都关掉！"

"问题是，海水并不是从水龙头里流出来的，"我有点担心我们得在这儿讨论一整天水循环，"大海一直都在那里。"我这样说。波莉又问："那它是怎么变大变小的呢？是有人把水塞拔掉了吗？""它只是非常非常缓慢地滑上我们这边的海滩，同时在遥远的另一个海滩滑下去。然后，当它滑下我们这边的海滩时，又会滑上另一个海滩。"我向波莉解释道。"所以海蒂可以在大海里游到另一个海滩上吗？"波莉眨着好奇的大眼睛问。

"当然可以！它在这儿也会遇到从别的海滩来看它的朋友。"我回答道。"但如果它不在这儿了，是不是就见不到来看它的朋友了？"波莉沉默了很久。一只海鸥在我们头顶的天空俯冲而下，盘旋着飞向海岸边。波莉的爸爸妈妈站在岸边的路上，向我们挥着手。

"不如，"我建议波莉，"不如我们先带海蒂去见你的爸爸妈妈，顺便吃冰激凌。然后我们再带它回来，送它回到小水潭里，等它的朋友在今晚海水涨上来时来看它。你觉得怎么样？"

波莉同意了我的建议！我们都从这次谈话中学到了很多：波莉了解了与大海相关的知识，而我体会到了好奇心的魔力。我们都值得一支冰激凌作为对彼此的奖励。

提出好奇的问题就是为了获得信息，所以对答案没有限制，怎么回答都可以。**在探索的对话中，我们怀着好奇心去了解对方经历了什么、知道什么、有什么想法和不确定的事，是为了站在对方的角度看问题。**我们可能会听他们说对工作或学习情况、健康问题、跟朋友的交往或意见分歧的担忧；我们讨论的话题可能是即将达成某个决定，我们听他们讲，以便了解他们知道什么、不知道什么、倾向什么；我们可能想知道，当对方在面对新的挑战时，他们有没有以往的经验可以借鉴，还有他们对眼前的情况有什么期望和看法是什么。

好的倾听者的特质

我们的倾听方式会影响讲述者的信心。如果我们以"专家"的姿态听，那么对方可能会害怕展露自己的迷茫，或者讲着讲着，变成问我们的建议，而不是去梳理、解决问题；如果我们以"评论者"的姿态听，去评价或指出他们的错误，那么他们就会害怕跟我们说他们自己犯的错；如果我们以"优越者"的姿态听，那么他们可能会觉得无法在我们面前讨论他们自己的负面情绪或受到的伤害。

因此，我们要具备一些特质，才能成为好的倾听者。如同跳舞要卡上音乐节拍，这些特质是一切谈话技巧的基础。就像还不会说话的小宝宝也能跟着音乐舞动一样，在聊天时，小朋友也会带着与生俱来的好奇心，成为我们的好老师。

开放的心态：我们要带着兴趣和好奇心，去接受对方的想法、信念、回忆和假设，这些都是他们当下看待世界的方式。他们对某种情况的理解，可能会有遗漏、错误、偏见、误解，但这些问题可以等之后再说。我们的首要任务，是理解事情在对方眼里是什么样的。我们要用开放好奇的心态去听他们的想法，尽量能做到一个人了解另外一个人的极限。我们的理解是进一步对话的基础。小朋友就能完美地做到，接受事物原本的样子。

谦逊：对别人的观念和想法持开放的心态，就意味着我们要承认，他们的观点也可以是合理的。也许我们所持的政治、道德或其他观点与他们不同，但当我们怀着开放的心态倾听对方时，我们先不要急着反对他们的观点、捍卫自己的观点，而是要保持好奇心。这样，我们就能边听边进一步提问，逐渐理解对方的观点。

倾听属于灵魂之间的交流。人与人之间只有以平等的身份相待，才能创造深入倾听的空间。深陷困境或满怀担忧的人最了解自己的感受和经历，我们必须认可和相信他们对自身的了解。

真正的谦逊意味着平等待人。当我们与倾诉对象在某个观点上产生巨大分歧时，平等待人就变得尤为重要。我们可以想象，如果角色对调，我们会期望对方怎样做，然后以同样尊重的态度去倾听对方，让对方感受到我们听懂了他们。

以真正谦逊的态度倾听，难能可贵，很少有人能够做到。我们怀着谦逊的心态倾听他人，就是愿意与对方结伴，一起探索真相。我们承认，无论彼此过往的人生路径多么不同，我们都是平等的，虽然每个人的经历各异，但我们拥有同等的尊严和价值。在世界开始消磨他们的自尊之前，小孩子始终觉得聊天时双方是平等的个体；在他们单纯的世界里，没有谁比谁更重要，大家都是一样的人。

谦逊还代表着我们要包容"不知"。人们夸耀专家见多识广，能想法子、解决问题。但在怀着好奇心倾听他人这件事上，专家也要从"不知"开始。当我们倾听他人时，能从"不知"出发，代表我们愿意和对方一起探索；能控制住想要发表意见的心情，不过早地提供解决方案和建议，说明我们可以给对方提供空间去探索自己的情况，让他们可以向身边专心体贴的倾听者诉说。他们给听的人解释清楚的同时，通常也给自己解释清楚了。倾诉者脑中的想法不再是夹杂着希望和疑虑的一团乱麻，而是变得明确清晰，可以大声解释出来。摆出"我最了解"的姿态去安慰对方，只是看上去有帮助，我们只有避免这样做，才能给对方空间去探索他们自己真实且重要的痛苦，然后寻找新的应对之道。

怀着好奇心倾听他人意味着"我想更好地了解这件事，跟我说吧，我会用心听的。"

老师的智慧提问，打开杰克的心扉

"好了，杰克，你坐下吧。"

杰克在学校的技术课教室里来回踱步。安诺弗老师坐在桌旁，等着他停下。

"有什么事让你特别烦躁吧？"老师观察他后说道。杰克转过身来面向他。

"你们都一样！"他喊道，"从来都不关心我，一直都只知道说凯尔，不是吗？凯尔这，凯尔那，凯尔会怎么做，凯尔以前怎么样……"

"都给我听好：我，不，是，我，哥！"杰克定定地站在那里。教室里一片安静。安诺弗老师迎着杰克愤怒的目光，沉默地点了点头。然后，杰克一下子像撒了气的皮球，跌坐在最近的椅子上，痛苦地盯着安诺弗老师。

几分钟前，安诺弗老师正从技术课教室走去教研室吃饭，途中听到有人在楼梯间喊叫。他听出那是杰克的声音。他对这个成绩不太好的少年格外关注，知道在这个少年放纵不羁的外表下有尚未开发的潜力。安诺弗老师从楼梯口隔着栏杆向上望去，他能听到楼梯间里还有另外一个声音，十分柔和。那是学校聘请的职业咨询老师，驻校一周，会和每个十一年级的学生见面，为他们做职业指导，帮他们选择来年的高考科目。那柔和的声音正在努力地安慰杰克，但杰克一句也听不进去。

"你根本就不了解我！"杰克大叫，"你怎么能指导我的生活？我不会再见你了。全是废话！简直……"在这停顿的空当，安诺弗老师平静的声音无比清晰地回荡在楼梯间内："我了解你，杰克。我能占用你十分钟来技术课教室帮我点儿忙吗？让科波菲尔老师回去继续和其他人见面。"

杰克从顶层的楼梯栏杆上探出脑袋。技术课是他最喜欢的课，安诺弗老师是他最喜欢的老师。杰克朝安诺弗老师眨了眨眼，愤懑地长舒了一口气，喊道："要吃午饭了，安诺弗老师！"

"那就抓紧时间过来吧。"安诺弗老师平静地答道。他听到蹦跳着下楼的声音，正惊叹着年轻人真是动作敏捷，杰克已经一步跨下最后三级台阶，站在他面前了。杰克在底层站定，看着安诺弗老师的眼睛，问："就十分钟？""就十分钟。"安诺弗老师答道，然后他们一起离开了楼梯间。

杰克坐在塑料椅子的边上，紧握着拳头，手肘放在膝盖上。然后，他把嘴里的口香糖挪到牙齿外侧，抬头看着技术课老师，叹了口气。

"想跟我说说发生什么事了吗？"安诺弗老师问他，"顺便帮我个忙，我要把八年级学生做的那个模型搬到储藏架上。你能帮我抬另一端吗？模型很重，小心些。"他指了指工作台上一块 1.8 米左右的木板，其上是市政厅的缩尺模型。这个模型明年要拿到真正的市政厅展示。八年级的学生小组忙了一整年，现在模型已经上好了颜色，周围布置了景观花园，美得令人惊叹。"展示之前可千万不能碰坏它。"安诺弗老师说着，和杰克分别站到模型底板的两端。

"你在前面指挥。"安诺弗老师说。杰克知道该怎么做，安诺弗老师教过学生们怎么合作搬运他们精心创作的大型作品：一个人在前面指挥，开辟路线，规划怎么搬，分担重量，喊"一，二，三"指挥大家抬起和放下。

"放在那个矮架上吗？"杰克边问边翘起下巴朝向储藏架的方向。"我是这么打算的。"老师说。"能放得下吗？"杰克问。老师面露微笑，说道："好问题，杰克指挥。我已经量过了，不过你也可以再检查一下。"杰克也笑了，说："我相信你。"接着，杰克认真地观察着整个教室，从模型望向储藏架，然后说："我想我们先顺着走廊的墙搬，你倒着走，然后在架子前面转弯，从侧面把模型平移进去。可以吗？"

安诺弗老师笑着说："听着不错，我听你的口令。"

杰克说："我数到三就抬。"安诺弗老师的学生都学过这个。"一，二，三！"他们抬起模型底座，沿着教室的墙移动，然后跟着杰克的口令转弯，从侧面慢慢把模型放到储藏架上。安诺弗老师看着杰克专注的表情，发现少年的怒气逐渐消散了。

"停。"杰克指示道，他们停下动作。"等我喊到三，"杰克说，"膝盖弯曲，别弯腰。"看到自己的学生不仅保持着安全意识，还顺利地指挥两人合作，共同把模型放到矮架上，安诺弗老师内心感到欣慰。

"谢谢你，杰克，"安诺弗老师说，"还好你在这儿。这是件重要的作品，我得找可靠的帮手来搬它。"

杰克点点头，接受了老师的夸奖。这时，午饭时间的铃声响起。教室外的走廊上顿时喧闹起来，学生们鱼贯而行，穿过学校，向食堂或者各自的储物柜走去。安诺弗老师站在原地，说："我知道午餐时间到了，杰克，但我还是想和你聊聊刚才发生的事。你为什么和职业咨询老师发火呢？简单跟我说说好吗？"

安诺弗老师在塑料椅上坐下，他隔着工作台，望向杰克。杰克坐在他对面，垂下了头。

"不着急，"安诺弗老师说，"我听着。"

"就是他们一直跟我说的那些废话，老师，"杰克说，"我的成绩不好，行为记录也不好，以后能干什么呢？我有什么爱好，有什么他们在学校里看不出来的才能吗？都是些虚伪的废话。然后职业咨询老师说他记得我哥，记得我们家有不少聪明人，所以问我难道不觉得可以努力提高自己吗？呵，努力提高自己。我受够了别人总说我是凯尔的弟弟了。那……那个……看起来像竹节虫一样的职业咨询老师根本不知道什么叫酷！"

杰克觉得职业咨询老师看起来和凯尔差不多大，但远没有凯尔酷。职业咨询老师打着领带，穿着西装，用力过猛。而凯尔在学校是耀眼的明星，谁都想像他一样，体育好、学习好、大学上得好，现在在设计公司，工作也做得好，特别酷。

职业咨询老师记得凯尔，那个运动健将、学霸、明星，是因为他自己的弟弟和凯尔同年。所以即使杰克有些学科的成绩有些……令人失望，可以这么说吗，杰克？我们都知道你们家有聪明的基因，那么，你可不可以扪心自问，能不能努力提高自己呢？

"我没控制住情绪，老师，我发火了。努力提高自己、努力提高……可我不是凯尔。我爸也这样，总说凯尔这也好，凯尔那也好，而你在干吗呢，杰克？从来没人关心我能做什么，或者我在想什么。哪怕在我自己的职业咨询时间，那个老师讲的还是我哥！"

"难怪你觉得受不了，"安诺弗老师说，"换作是我，也会受不了。"

教室里一阵沉默。

"那么，"安诺弗老师打破沉默，"你毕业之后有什么打算吗，杰克？想做哪一行？或者只想……"杰克以为会听到"混日子"，他爸爸就这样觉得，所以他很意外安诺弗老师竟然说，"像本敞开的新书一样，等着发掘自己未来精彩的旅程故事？"

"唔，"杰克咽了咽口水，小心地不把口香糖咽下去，"我觉得我就是本，没什么内容的书。"

"有内容的，杰克，"安诺弗老师说，"你只是还没构思好接下来的几章，但其实你这本书里已经有很多内容了。"

杰克眨了眨眼睛，他没想到安诺弗老师会这么说。

"比如，"安诺弗老师说，"你的这本书里写了你擅长的事情。你擅长哪些事情呢？"

擅长的事？在学校？这场谈话可太不寻常了，杰克心想。没有人跟我聊过我擅长什么，他们只说我做不好什么：我基本上什么也做不好。他又咽了咽口水，耸了下肩。这太蹊跷了，但安诺弗老师一向直言不讳、做事公平，大家都知道这一点。

"这样吧，你拿着这支笔和这个笔记本，"安诺弗老师说，"列一个清单，好吗？就写你擅长什么，不只是学校里的事，什么都可以写，比如兴趣、音乐、交朋友，你周末做什么，你喜欢做什么？"

"嗯，滑滑板。"杰克如实说道。安诺弗老师露出微笑，说："把它写下来。然后跟我说说你的滑板吧。"杰克讲了自己怎么改装滑板，给滑板上色，还设计了自己的标志。安诺弗老师知道，杰克平时随手的涂鸦大多和滑板有关，杰克还在技术课教室里做过滑板公园的小模型。

"那个标志和你 T 恤上的一样吗？"安诺弗老师问。杰克惊讶地点了点头。

"那么，既然你喜欢滑滑板，它还锻炼了你哪些其他技能呢？我想你的平衡感应该不错；你很有勇气，即使摔了几次，也依然敢去尝试新的动作；你还很有坚持练习的决心，类似这些技能。我说得对吗？"

"对。"杰克说，他意识到安诺弗老师并没有要试探或嘲弄他，反而很支持他。"嗯，我不断练习，学新的动作。有些跳跃动作很吓人，别人要摔很多次才能做好。但我能做得很好！嗯，我滑得很棒！"

"把这些写到你的清单里，杰克，"安诺弗老师说，"决心、平衡感、勇气、练习、坚持。刚才看你从楼梯上跳下来的时候，我就见识了你的平衡感，你太厉害了！"杰克把这些词写到他的清单里。

"还有哪些事是你觉得会让老师感到惊艳的？"

"我一直在卖自己设计的 T 恤，"杰克说，"这个算吗？"

"当然算！你能说说这件事吗？"安诺弗老师问。杰克承认有时候他哥哥会帮他一点儿忙。"他就是做设计类的工作。"杰克解释道。"这很棒！"安诺弗老师兴奋地说，"那你觉得有多少设计想法是你哥哥的，有多少是你的？"

"图案是我画的，我哥告诉我怎么让图案变得更精致。比如，在周围加边框，或者换些颜色，使图案更显眼一些。"杰克解释道。安诺弗老师听着点了点头。

"所以设计想法能不能也加到你的清单上呢？"安诺弗老师指了指笔记本，杰克就又添加了一项。"还有商业头脑。"安诺弗老师提示道。杰克继续加上这一条。

"清单上已经有不少内容了，"安诺弗老师说，"现在，说说你在学校里擅长的事吧。体育？艺术？数学？手工？"杰克作苦瓜脸状，安诺弗老师笑了起来，说："我知道你手工技术很好，杰克。你做滑板公园模型，需要数学知识还有创意。你模拟考试考得最好的是哪几科？"

杰克脸红了，说："我成绩不太好，老师。"安诺弗老师没出声，安静地听他说着。"但我还算擅长数学和计算机，艺术课和技术课的成绩不算太差。当然，我做的滑板公园……"

"你的模型成绩在哪些方面取得了高分了呢？"安诺弗老师问道。他心里很清楚答案，但他希望杰克也能记住。

"构思、设计、关于尺寸和线条的论述，选材一般，成品还不错……"杰克眯着一只眼睛，专注地回想着他技术课设计作品的成绩报告。

"所以，"安诺弗老师总结道，"构思、创意、构造、专注力、注意细节，还有艺术品位，这些都加到清单上了吧？"杰克更加惊讶了，安诺弗老师好像在使劲儿夸他，努力地去挖掘他擅长什么。

安诺弗老师看着杰克的眼睛，说："我们看到你这本敞开的书里已经有很多内容了，杰克。你可以从很多方向去思考，比如哪些职业你会感兴趣，会觉得有意义。那你不喜欢什么呢？比如说，你守纪律吗？"

杰克大声笑起来，说："我想你肯定知道我多能闯祸吧！"

"凡事总有原因，"安诺弗老师说，"闯祸当然不是什么好事，但你能从中学到什么呢？"

"这是什么意思呢？"杰克一脸好奇地问。这真是场有趣的谈话。

"嗯，有些人闯祸是因为他们早上起不来，那他们就不应该选择倒班的工作；有些人不爱遵守规则，那他们可能不会想当兵；还有些人喜欢打架，那他们可以好好学习格斗，然后靠这个挣钱。那么，你能从自己的纪律记录里看到什么呢？"

杰克惊呆了，皱紧眉头去想自己为什么总是闯祸。"我在班上捣乱，讲笑话，模仿老师和名人，逗得同学们哄堂大笑。任课老师就让我去角落坐着，或者把我赶出教室。"

"那，你好笑吗，杰克？我的意思是，你能在观众面前讲笑话吗？"

"不知道，"杰克说，"但我在课堂上把大家逗笑了。"

"如果你喜欢观众，也有许多职业可以选，"他并没有继续建议杰克具体可以做什么，而是说，"你可以把'喜欢观众'加到清单里。但如果你想练习喜剧技巧，可以选择不打扰老师上课的时间。"

安诺弗老师指了指清单，杰克提笔写了起来。安诺弗老师微笑地看着杰克的笔尖在纸上移动。杰克没那么担心纪律规则了，又嚼起了口香糖。他在纸上记录着他的创意、他抖包袱的时机、他模仿的技巧，以及他喜欢懂得欣赏他的观众。这是他在家里感受不到的，因为他总是活在优秀哥哥的阴影下。

杰克抬起头，把清单递给安诺弗老师。

"接下来，我们可以做很多事情，"安诺弗老师说，"这样，先把这张清单用手机拍张照。我知道你兜里揣着手机，尽管学校不允许。拿着这张清单，看看你还能想到些什么，继续往下写，想写多长都可以。"

"然后，考虑一下你想用这些才能去考取哪些资格证。我们可以等一个月后再见面接着聊，当然，除非你更想和职业咨询老师聊。"说完两个人都笑了起来。安诺弗老师把笔记本和笔放回桌子上。

他们走出技术课教室，安诺弗老师边锁门边说："哦，对了，杰克，我刚才没听到你对职业咨询老师说脏话吧？那可不太明智，还得搭上午饭时间。"

"当然没有，老师。"杰克确认道。不知为何，小伙子看起来高大了一些。

安诺弗老师和杰克的谈话完全可能是另一番情形。安诺弗老师很清楚，杰克在学校里纪律记录不良、学习成绩差，还不爱遵守校规，比如，他们在楼道相遇时，杰克嘴里正嚼着口香糖。安诺弗老师没有马上去评价杰克，而是留出空间，让两人共同思考。这让杰克很惊讶，因为他本以为自己要面对一场纪律训导。

安诺弗老师带着好奇心，让杰克列出自己的兴趣清单；还用提问的方式去了解细节，帮杰克看到杰克自己在学校，甚至家里，没被注意到的才能；并时不时地总结一下，确认他们两人聊过的内容，比如"你这本书里已经有很多内容了"。安诺弗老师没有把自己的意见强加给杰克，而是层层递进地提升杰克的自尊，也接受了杰克眼前可能并没有清晰的职业道路的事实，甚至还把"写清单"这项任务交给杰克自己完成。安诺弗老师没想"掌控"这次谈话，他包容"不知"，让杰克把职业规划当作可以积极思索和参与的活动，而不是学校强加的任务。

安诺弗老师用好奇的提问和总结，还有耐心倾听的方式，在一次谈话中改变了杰克的自我认知。

05
运用开放式问题

当我们创造空间，让他人在这个空间里分享他们自己的故事时，我们可能会发现，即使对方很愿意跟我们诉说内心，真正讲出来却不容易。他们可能被自身所处的境况所困，情绪难以自已；而我们担心他们无法承受，因此犹豫谈话是否要继续下去。这时，如果我们把好奇心和恰当的提问技巧结合起来，就能给他们铺好踏脚石，帮他们一步一步地讲下去。

当我们想要帮助别人，却不知从何开始时，用提问的方式作铺垫就是个好方法。当对方开始讲自己的故事，但事情过于繁杂，让他们不知道怎么表达时，我们也可以用提问的方式来帮他们说下去。如果我们已经知道一些事，但不确定对方如何理解这些事的细节和意义，提问便能帮我们了解对方的想法。开放式问题从来没有特定的答案，这些好奇的开放且包容的问题，可以帮助我们和对方一起探索眼前的情况。在对方回答我们好奇的问题时，他们可以选择说多少，可以只透露那些他们觉得能安心诉说的事，他们也能时常收获自己不曾发现的新见解。

开放式问题有助于了解倾诉者的经历

好奇和支持是让对方安心的关键。我们提问时，他们可以决定自己想回答到什么程度。有益的问题可以让对方思考、反思和分享他们的想法，而不只是简单地回答"是""不是"或一句话。一句话就能回答的问题叫封闭式问题，比如，"你喂过猫了吗？""你吃素吗？""你几岁了？"。能得到详细答案的问题更有助于了解对方的故事，这样的问题叫开放式问题，通常由"什么……""怎么……""什么时候……"和"在哪里……"构成。开放式问题还可以用"可以告诉我……"这样邀请的方式，或者"我想继续了解……"这样请求对方提供更多信息的方式提出。如"可以告诉我你的家庭情况吗？""你假期有什么计划？""你是怎么对厨艺产生兴趣的？"都是典型的开放式问题。

开放式问题对提问者很有帮助，因为提问能让我们去整合对方所经历的故事，而不仅仅是停留在做假设的层面。"你害怕飞行吗？"是假设，而"你觉得坐飞机旅行怎么样？"就是开放式问题。二者相比较，孰优孰劣再明显不过。

有助于了解当下情况的问题：

- 跟我说说关于……

- 你对那件事有什么感受？

- 你当时还怎么想 / 说 / 做 / 觉得的？

- 你现在怎么看待那件事呢？

- 还有什么是我们没说到的呢？

- 还有呢？（这个问题出奇地有效，能引导对方继续分享或讲得更深入。与其相似的"还有什么其他的事情吗？"却更容易终结对话。）

　　开放式问题对被问者也有帮助，因为它们展示了提问者的关心，也让被问者有机会仔细思考如何回答问题。把"为理解而倾听"和"运用开放式提问"这两项技巧相结合，能让被问者在谈论自己的经历、希望和恐惧时感到安心、有人陪伴和被理解。

　　我们询问对方知道的信息，能帮他们梳理到目前为止发生的所有事情。这样一来，随着谈话的推进，双方对事情背景就逐渐有了共同的理解。而确保我们正确理解了对方的故事是十分重要的事情。我们可以时不时地确认一下：用"提问、提问、总结"的华尔兹节奏，简短总结对方的回答，就是行之有效的确认方法。

　　提问还能帮对方检验故事的方方面面，让他们发现自己可能忽略的事情，注意到自己可能做过不符合事实的假设。

　　用倾听的方式来助人需遵循一个不变的原则，就是让对方在描述困境和探索解决方案时占有主导权。也就是说，我们不要主动提建议。故事讲完之后，只提问不发表见解，有助于我们寻找应对的方法。提问可以避免我们忍不住给出建议，开放式问题能鼓励对方思考自己可以如何处理问题。

　　有助于探索应对方法的问题：

- 你有没有想过接下来怎么做呢？
- 有没有哪方面是你比较容易改变的呢？
- 关于这个情况，你还有什么其他的信息呢？
- 你可以从别的角度理解这件事吗？
- 你过去有没有遇过类似的问题呢？当时是怎么做的？当时的经验有没有现在可以借鉴的？
- 如果有朋友跟你倾诉类似的问题，你会怎么建议对方呢？

沉浸在困难中会降低人们对自己行动能力的认识，使他们困于能获得安全感却难以解决问题的"行为习惯"中。比如，远离和他们有意见分歧的人，而不是去讨论分歧所在；因为害怕结果不好而不去咨询医生自己健康方面的担忧；废寝忘食地学习，让自己疲惫不堪；怕失望所以总是做最坏的打算；发生情况时，揽下或推卸全部责任。好的提问能帮他们拾起自身的韧性，想出能应对困难的做法，从而引导他们着手解决问题。令人惊讶的是，那些陷入困境的人往往能给处于同样境况的朋友提建议。这都是因为提问改变了他们思考问题的角度。运用开放式问题，有助于让对方去探索是否能用另一种方式去看待他们眼前的困境。

路易丝如何引导焦虑的利奥

路易丝是癌症信息咨询中心的志愿者。她正在参加一个培训课程，学习用认知疗法（cognitive therapy）来帮助咨询中心的来访者，而我是她们班的老师。课程中有一部分内容，是学生用小型案例讲述他们在现实生活中如何运用学到的新技能，也是我最喜欢的环节。这天，他们反馈的是运用好奇心和提问的情况。以下是路易丝分享的故事。

"这其实并不是工作案例。"路易丝开口说道。她环视了一圈自己的同学，有癌症临床护士、营养师、物理治疗师、两名牧师和其他来自英国各地服务机构的志愿者。"事实上，这是我十几岁的儿子和他最好朋友的故事。"大家露出了微笑，因为我们都喜欢听好故事。

路易丝的儿子福斯特和他的朋友利奥从幼儿园起就是好朋友。现在他们十五岁了，上高中，晚上有空的时候和周末，还是会在一起学习、看体育节目、打游戏。他们的妈妈从孩子幼儿园时期到如今，总是去彼此家里接送孩子，两个妈妈聊了无数次天后，也慢慢地成了朋友。

最近，利奥的妈妈特蕾西被诊断出患有乳腺癌。她做了手术，正在化疗。

"我尽量只当自己是特蕾西的朋友，不在她谈论治疗时变成一个专业顾问，"路易丝说，"我们只聊天，或者我买些东西给她送去。化疗的那个星期，她要是感觉很不舒服，利奥就会住在我家。"

路易丝说，几个星期前，孩子们计划在她家过周末。他们想一起打游戏、看几部电影，还保证会写完作业。路易丝告诉我们："所以星期五下午，我在冰箱里放满了孩子们的零食和可乐，做好了迎接他们的准备。我削着土豆皮，准备着晚餐，听到他们从后院走过来。平时他们都一路喧闹着，但那天似乎有点儿安静。他们从后门进入厨房，福斯特扑通一声坐到厨房的椅子上，但利奥只是在门口徘徊。我当时还没真正意识到有什么不对，就喊他们给我泡杯茶，让他们自己找点儿零食吃。"

但男孩们都没有动，路易丝这才停下削土豆皮的手，抬起头来。

"没什么事吧？"她问。福斯特跟她对视了一下，把头扭向他的好朋友。利奥眼睛盯着地板，路易丝发现他正努力地忍住泪水，不让它掉下来。

"福斯特，去倒水。"她边指挥儿子，边擦干手向利奥走去。"利奥，想聊聊吗？"

利奥摇了摇头，一滴眼泪掉在了厨房地板上。他咳了几声，吸了吸鼻子。

"那就什么也不用说，"路易丝说着拍了拍着他的肩膀，"但如果你改主意了，想聊一聊，随时都可以找我，好吗？"利奥点点头，又有一滴眼泪砸到地板上。"快过来，到福斯特旁边坐下。你想喝茶吗？还是可乐？水？"

福斯特给妈妈泡了茶，给自己和利奥拿了两罐可乐。他们拉着铁环，假装要喷对方，这是他们从小玩到大的把戏。然后利奥说："妈妈在医院，路易丝阿姨，她病了。"他越说越小声。路易丝原本站在孩子们身后，听了利奥的话，她走到桌子的一端坐了下来。

"全都跟我说说吧，利奥。"路易丝邀请道。而刚刚说自己不想聊的利奥，讲了不久前发生的事：他妈妈咳嗽、喉咙痛、发高烧，他和爸爸连夜打电话给医生，救护车来了，特蕾西被护理人员带走，他爸爸在救护车后座跟他说，明天一定要去学校。

"当时，"路易丝告诉在座的同学，"我只想伸出手来抱抱他，跟他保证一切都会好起来。但我知道，也有可能不好。我真的不知道该怎么做，然后我想，可以试试我们在培训中学到的提问法，看看利奥是怎么想的。"

"我当时在发抖！"路易丝告诉大家，大家点头表示鼓励。"我爱特蕾西，我也爱利奥。福斯特以前从没遇到过这样的情况，特蕾西对他来说就像家人一样，如果她不在了，我不知道怎么……"路易丝停了下来，整理着思绪。她摆摆手，仿佛要驱散难受的想法，然后接着讲她的故事。

路易丝问利奥，他妈妈今天怎么样了。利奥说他不知道，因为病房里的人只和他爸爸沟通，而他爸爸正在上班。"他上班的时候不回我的信息。"利奥低吼道。

"不用说，"路易丝告诉大家，"我当时想给利奥的爸爸打电话，让他过来告诉我们具体是什么情况。因为这就是我通常会做的，把事情弄清楚，忙起来，做计划。但我忍住了，我只提问，而且我很勇敢，问了利奥心里最坏的想法，就像我们在这里练习的那样。"大家都点了点头。我和另一位培训师对视了一眼：学员们能把他们的培训所得运用到生活中，我们感到很骄傲。路易丝天生就是讲故事的好手，大家都被她的故事深深吸引了。

"你最担心的是什么，利奥？"路易丝问道。福斯特看着他的朋友，利奥因为情绪挣扎导致面部表情扭曲。随后，利奥低声说："我不想妈妈死，路易丝阿姨。"然后他的泪水喷涌而出，无法再说下去。福斯特默默地看着他。

"这太可怕了，是吧，利奥？"路易丝点明了利奥内心的恐惧。利奥默默地点点头。路易丝隔着桌子握住利奥的手。福斯特摆弄着手里的可乐拉环，在可乐罐上划拉着。

"你觉得你妈妈真的不行了吗？"路易丝问。利奥看起来不知所措，他一只手揉着下巴，另一只手挠着头。

"我不知道。我只是想，如果她的病情都糟到要去医院了，那一定是不行了，但他们还让我去上学！"利奥说，"一定是因为她不想让我看着她死去。"

"是的，"路易丝对大家说，"我知道，如果自己的妻子快死了，利奥的爸爸不可能去上班，所以我觉得还有其他可能性。但我并没有这样说，在询问其他可能性之前，我得先让利奥知道，我接收到了他的想法。"全班的学员都向前倾着身子听她说话，有几个人竖起了大拇指，或无声地鼓掌。

路易丝看着利奥，而利奥盯着他的可乐罐。"嗯，这是个可怕的想法，"路易丝说，"但我想知道有没有其他的可能性。你妈妈有没有给你看开始化疗时医生给她的那本指导手册？"利奥皱起眉头，然后他第一次直视路易丝，说，"写着会变秃的那本？还写着病菌太多，感冒了不要来看望的那本？"

"就是它，"路易丝说，"如果她咳嗽或喉咙痛，指导手册上是怎么说的？"

"呃……"利奥真的在仔细思考，他努力地回忆三个月前，特蕾西开始化疗之前家里人讨论过的信息。路易丝告诉大家："说实话，你可以看出他在思考，努力地回忆他还知道些什么信息。但是当人处在危机中，所有这些有用的信息都会从脑中飞走，不是吗？"

最后，利奥说："我想，指导手册上说妈妈无法抵抗感染，所以如果她喉咙痛或咳嗽，她需要快速滴注抗生素。"

"是的，我也记得是这样的，"路易丝赞同道，她做咨询工作时读过很多次这本指导手册，"抗生素会有什么作用呢？"

"呃……嗯，抗生素会……嗯，会让妈妈好起来，对吗？"利奥说着说着一下子坐直了身体，"抗生素能防止她因感染而死亡，对吧？所以她才要去医院，对吗？"

路易丝抿了口茶，点点头。她提了开放式问题，探究了利奥内心最深的恐惧，然后帮他想起因恐惧而忽略的事。

"吃过晚饭后，我们要不要去医院看看她？"路易丝提议。

"太棒了，好的，就这样安排吧，路易丝阿姨。现在，我们可以吃薯片吗？"利奥说。

"薯片！"路易丝跟大家说，"利奥的情绪瞬间转变了！我松了一口气，而且我有点小骄傲，因为我的提问让他感到放心。他就像变成另一个孩子似的，不再愁眉苦脸，而是告诉我他饿了！"

大家为路易丝的故事和她的勇气热烈鼓掌。几位培训师听到这个展示提问力量的美好故事，感到很欣慰。

路易丝没有给出任何建议。她问了一些问题，指出利奥的恐惧，留给他空间去感受不安。路易丝还问利奥是否有其他可供参考的信息，好奇地询问他妈妈去医院这件事是否有其他可能性，还帮他记起他读过但在恐慌和悲伤中忘记的指导手册。

运用开放式问题，温柔地倾听他人，就是以温和的方式陪伴处在困境中的人。

06

用陪伴缓解痛苦

    遇到深陷痛苦、不知所措的人，会让我们感到很难办、很气馁。他们可能已经同意讲出自己的烦恼，甚至邀请我们跟他们聊天，但如果聊天时他们情绪激动，我们就拿不准该如何回应他们。我们担心伤害他们，担心他们受不了，担心不小心提到他们不想触及的话题，也担心双方的情绪会对彼此产生什么影响。

    "不要哭"是我们面对他人痛苦时的常见回应。这句话是善意的，并不是说"你不该哭"，而是"我希望你不要这么难过，难过到要哭泣"；这句话也表示"我想让事情变好"，代表着我们对他人的关心。问题是，我们所说的希望痛苦的人看起来不那么难过的话语，在他们看来却是一种对他们的评价，让他们感到自己的情绪是不恰当的。我们劝对方"振作起来！"，或者努力把话题转移到更积极的事情上，只会让对方觉得，他们的痛苦在这儿不受欢迎。

    在谈话中，我们认为"我应该知道要怎么做"，所以才害怕让事情变得更糟，让别人更难过。但如果我们从另一个角度来看待这场谈话呢？如果我们不当自己是解决问题的人，而是当准备分担他们心中的不确定，在痛苦中支持他们的人，这场谈话会怎么发展呢？

留些空间给痛苦，让他人自己消化悲伤，是支持和关怀的重要部分。我们在他人痛苦时陪伴在旁，为他们保留空间，让他们的痛苦不受评价、劝阻或轻视。

失去母亲的艾格尼丝

"哦，不要哭！你不要哭了！"

艾格尼丝从院长办公室出来时，我正好经过。二十分钟前，她从研讨会上突然被叫过去。这二十分钟改变了她的人生。艾格尼丝的脸像一张悲伤的面具，她的眼里充满泪水，嘴巴因努力抑制快要吞噬她的痛苦而扭曲。我和艾格尼丝是医学院一年级的学生，彼此不太认识，但我觉得，我不能走开。我知道有糟糕的事情发生了，我想让事情变好。

艾格尼丝跌坐在一个老木箱上，学术楼的木板门廊里只有这一个家具。她俯身啜泣，在痛苦的哀号中发出颤抖的呼吸声。我焦急地环顾四周，想着谁会在附近？谁能帮帮忙？我们能为她做什么？她到底发生了什么事？

我蹲下身，握住艾格尼丝的手。她没有抽手，哭得越来越大声，她的整个身体随着呼吸而颤抖。

"艾格尼丝，发生什么事了？"我问她，我觉得被院长传唤很可能意味着艾格尼丝有麻烦了。她被停课了吗？还是被开除学籍了？这显然是件大事。艾格尼丝摇了摇头，她的眼泪溅落在我的手背上，然后顺着我的手背流下来，在我的皮肤与艾格尼丝手部柔软的黑色皮肤相接的地方停下，将我们的两只手密合起来，仿佛是一场泪的洗礼。

艾格尼丝抬起头来，与我对视。她摇了摇头，嘴唇动了动，努力想说话，可嘴角却又皱起来，泪水再一次夺眶而出。

我不知道我该做些什么。我坐在地板上，轻轻地握了握艾格尼丝的手，我的心在胸腔里怦怦直跳。艾格尼丝会说什么？我究竟怎样才能帮助她？我想象着，如果我被开除了，我会感到多么羞愧。我怎么告诉父母？我怎么面对这种耻辱？而艾格尼丝，她那么温柔，总是面带微笑，她从加纳远道而来，离她的家人如此遥远。迎新周的时候，我们俩都没有足够的硬币给自己买杯咖啡，所以还一起分享过一杯难喝的自动售货机咖啡。我们交换了个人信息，但艾格尼丝住在另一栋宿舍楼，我基本见不到她。我们在上下课的学生潮中擦肩而过时，总会朝对方微笑。我感到我们之间有一朵友谊之花正含苞待放。

但现在这是怎么回事？

"艾格尼丝，你可以跟我聊聊。不要哭，天塌不下来。无论发生什么事情，我们都可以解决它。"

艾格尼丝的人生刚被无可挽回地改变了，然后，她用五个字改变了我的人生观。

"我妈妈死了，"她平静地说，"我的妈妈，哦，妈妈！"艾格尼丝将双臂交叉放在胸前，手搭着肩头，来回摇晃着，仿佛在拥抱她失去的母亲。我为自己的自私想法感到羞愧。我瞬间明白，我所有关于羞耻、屈辱还有被开除的预想，在这个可怕的事实面前，都是可以接受的。在遥不可及的另一个大陆上，艾格尼丝的妈妈死了，躺在那里；而院长不得不把这可怕的消息告诉他的学生。

　　我无法让这一切变好。我只能坐在地上，沉默着。我惊骇于艾格尼丝正在面对的失去，想象着我母亲的笑容，想象着换作是我，要如何承受丧母之痛。想到艾格尼丝必须承受的痛苦，我很震惊，也意识到自己并不能帮她什么；除了微不足道地留在这儿，见证她的爱和悲伤，我什么都做不了。

　　在医学院的木板门廊里，我们两个以后要做医生的人发现，是这个世界要求我们"不要哭"。我明白，我永远无法收回说过的话和做过的假设。我羞愧地默默坐在那儿，等着艾格尼丝有力气能站起来。我决定就这样陪艾格尼丝一起坐着，无论多久。等她缓过来，我就带她回去，帮她凑足硬币，让她用学生公共电话打给家里。

　　我在心里保证，再也不去作假设，再也不拍着胸脯说我们可以拯救破碎的心。

　　当然，我还是会去作假设，我们都是如此。我们从自己的视角看世界，根据有限的证据、推测和假设得出结论。我真正学到的是，因为我对艾格尼丝的痛苦感到不安，所以想要改变她的感受。我向她保证，天塌不下来，没什么是解决不了的，一定会有办法的。我只是想"解决"问题。我知道，不只我这样，大多数人都有这种自然而善良的愿望，想让事情变好。但有时，事情就是无法变好。有些事我们只能接受。

拥有身处痛苦的仁爱与共情之心

　　痛苦时，人的想法和情绪都是自己在承受。我们在多大程度上愿意站在他们的角度，不回避他们的经历，允许自己为他们感到不安，决定了我们的反应是怜悯（pity）、同情（sympathy）或共情（empathy）。我们一般并不去区分这三者，"茶与同情"^①可以作为其中任何一种反应的准则。但如果我们想支持处于痛苦中的人，三者的区别就很重要了。

怜悯，是指虽然认可对方的观点，也承认他们处境的不幸，但没有唤起旁观者的个人情绪。怜悯是注视着痛苦，而不进入其中；怜悯更关注自我，而不是痛苦的人。也许有人看到艾格尼丝十分痛苦地从院长办公室离开，但他可能只带着怜悯的心情就走开了，他会想："太可怜了，又有人考试没考好挨训了。"

同情，则是指关注另一个人的感受。它不像怜悯那样只关注自己，而是明确地关心他人的痛苦。同情，是足够理解他人的痛苦，因而想去解决问题。我们从自己能主导的位置出发，伸出援助之手。一般来说，同情是想要"让事情变好"，尽管一部分原因是为了让我们自己感觉更好。但同情的反应，也暗示了他人的困境很容易被"解决"，因此他人的痛苦也会被轻视。路人决定驻足关心，很可能是出于同情，心想："哦，她看起来很悲伤。我讨厌悲伤的时候独自一人。我得看看她有没有事，能不能帮她好起来。"想让对方"好起来"，我们可能会提供解决方案，比如"你要不要……？"或者跟对方保证"我相信一切都会好起来的。""医生一定能解决这个问题。"或者把对方的注意力转移到其他话题上；甚至表达赞美，比如"哦，你看起来不错！""哇，你可真勇敢！""你怎么这么坚强！"最糟糕的方法，莫过于想办法让对方从悲伤中"振作起来"。这样的话往往以"至少"开头："至少他现在不再痛苦了。""至少你还有其他孩子。""至少你太太还有工作。"初看之下，努力减轻对方的痛苦似乎是好事，但想方设法让他们少去表达痛苦，并不能解决他们的困难。相反，这些想要减轻对方悲伤情绪的善意之举只是告诉他们，这里并不是能让他们安心释放情绪的地方：他们本人，而不是他们的痛苦，被轻视了。

---

① 《茶与同情》（*Tea and Sympathy*）是 1956 年的一部电影，讲述了校长的夫人劳拉女士帮助被同学们称为"娘娘腔"的男孩汤姆重新建立自信的故事。——译者注

当我们不仅愿意理解他人的情绪，还能在深层情感上与他们相通时，我们就能做出共情和仁爱（compassion）的深刻反应。共情，是指将注意力完全投射在受苦的人身上，而自我意识只是用来让我们的个人经验和想象力为他们服务的。共情的反应是在别人感到痛苦时陪伴他们，愿意见证和理解他们的痛苦。共情代表我们对痛苦感同身受，也让我们意识到解决困难的方法要么不存在，要么只能靠痛苦的人自己寻找；共情并不专注于做什么，而是在他人痛苦时陪在他们身边；共情，是陪他人一起感受。

理解痛苦之人的思考角度，认识到他们的情绪，再联系我们内心类似的情绪，我们也因此愿意让自己变得脆弱。我们和痛苦的人一起，随着他们悲伤的音乐节奏摆动，跟着他们的引导，确认和回应他们的脆弱。有共情之心的助人者尽其所能地走进痛苦之人的经历，这些助人者并不想去改变，他们只是努力地去理解那些痛苦的人，他们已经从旁观者变成了同伴。我没有亲身经历过父母的死亡，但我思考了若自己处在艾格尼丝的情况下，会有多么深重的悲痛，这样的深思让我理解了艾格尼丝所感受的痛苦是多么深沉而复杂。我因为同情而上前关心她，但留下来陪伴她，则是我出于对同学身处痛苦的共情之心。

仁爱是共情的行动之手。 在共情的基础上，仁爱的意义更进一步，是仁爱告诉我们要陪在对方身边，帮助他们用自己的脚走出痛苦。对丧亲之痛的仁爱反应可能是：知道对方操持家务很辛苦，因此从实际出发，帮忙做饭、洗衣服、遛狗、照顾孩子和老人；或者知道人在悲伤中的情绪难以预测，所以定期探访，但要看对方是否同意；或者询问对方能用什么方式纪念和缅怀逝去之人。**仁爱之举意在助人但不会执意坚持；仁爱是告诉对方"你会走出来的，而我会一直用你认可的方式帮助你"；仁爱是"与人同在"，而不是"给人做事"。**

同情是站在门口表达关心；共情是进入痛苦之处，陪伴他人；仁爱则是将心比心，完全为对方着想，为对方好。我虽然有点慢，但最后还是做到了。

　　经历过情绪激动之事的人，会反复思考自己的故事，直到他们理解了整件事。这个过程是应对痛苦的重要一环，它帮我们将这段经历从"此时此地"挪到过去的记忆中。有些人通过向内的反思，就能渡过这个过程，但还有许多人，需要大声地重新讲述。我们都知道，新手妈妈会反复讲述她们分娩的过程，从第一次宫缩开始，过程详细得令人瞠目结舌，一直讲到她们可以第一次安心地抱着自己的孩子。应对困难事件也需要这样的讲述，但人们可能觉得重述这些事情并不受欢迎，毕竟没有人愿意去听警察半夜带着坏消息来敲门的事，或者他们经历交通事故的详细描写，或者以悲剧收尾的生育故事。但是我们仍然需要去讲述，直到能自己消化那些经历。所以，当怀揣痛苦故事的人找到愿意倾听的人，倾听者要准备好反复听到同一段故事，每次讲述都大同小异，都能引起同样的痛苦，直到这件事逐渐淡化为"曾经发生在我身上的一件坏事"留在记忆里，不再是当下仍能感受到的痛苦。不能以这种方式将痛苦的事件转移到记忆中，是创伤后应激障碍（PTSD）的特征之一。当事人准备好讲自己的故事时，能够在安心的空间里叙述，是对他们的保护；但如果对方还没准备好，就硬让他们讲述发生的事，即使是出于帮助的目的，也是有害的：我们可以表明自己愿意倾听，但绝不应该强迫他人去重新体验那些事。

　　认为自己"善良"的人很容易陷入过度帮助的陷阱。他们投入其中，安慰别人，保证自己会帮助、支持对方，努力解决问题。对于许多从事关怀工作的人来说，控制助人的冲动格外困难，因为他们工作的动力就是去帮助别人，去努力解决他人的问题。在他人痛苦的时候，学会静静倾听、陪伴，运用开放式问题去更深入地探索对方的痛苦，对于这些"善良"的人来说很难做到。在他们看来，让对方表达痛苦的情绪好像代表自己不够善良，没有尽力帮对方。

　　实际上，分担悲伤情绪是另一种帮助的方式，痛苦中的人会对此深深感谢，并且长久铭记于心。

皮特医生的仁爱之举

艾伦凝视着妻子，说不出话来。劳拉静静地坐着，脸色苍白。两人一起坐在产科小房间里的两张塑料功能椅上，这对夫妻的世界正在分崩瓦解。他们来之不易的试管婴儿，那如豌豆大小的宝宝，已经死亡。劳拉叩心泣血，B超扫描检查显示她的子宫是空的。

两星期前，在同一个房间里，夫妻俩在劳拉的第一次B超扫描检查中看到宝宝的小心脏在跳动。他们兴奋地离开医院，欣喜若狂。是的，他们知道那还是怀孕早期，他们知道去设想任何事都还太早了，但是他们有孩子了，要做父母了。事实上，他们已经是父母了，孩子的心脏正在跳动；他们给孩子取名叫杰米，一个男孩和女孩都能用的名字；他们希望在分娩当天给自己一个惊喜，等见面时再知道宝宝的性别；他们想用薄荷绿和樱草黄来装饰婴儿房，那是春天的颜色，代表着希望和期待。

敲门声响起，门把手轻轻转动，慢慢打开一条门缝。一颗头探进来，长长的黑发，束在脑后。这人穿着护士服，微笑着。

"我是皮特，"他轻声说，"我听说了你们孩子的事。我很抱歉。"

皮特站在门口，问道："请问我能进来吗？"艾伦一开始还感到奇怪：这是对方自己科的诊室，为什么还要问，进而意识到对方这么问的意思是这个空间现在是属于他们夫妻俩的。皮特等待着，并没有觉得他们同意他进来了。劳拉向艾伦点点头，艾伦说："好的，皮特，请进来吧。"

劳拉侧过身，把手臂放在检查床上，头垂在手臂上。她啜泣着，肩膀不停地颤抖着。艾伦抚摸着劳拉的手肘，泪流满面。皮特半跪在他们旁边的地板上，非常温柔地触碰两人的肩膀。他们三人围作一圈，悲伤无声地环绕着。

皮特什么也没有说。

"对不起,"劳拉啜泣着,她抬头看向艾伦,"如果我……"她泣不成声。艾伦举起劳拉的手,亲吻它。皮特坐到后面,留给他们夫妻俩足够的空间。

"这实在太难以接受了,对吗?"他朝着这对夫妻之间的空隙问道。他们点点头,叹了口气,双双望向皮特。

"你刚刚想说,'如果你'怎么样,劳拉?"皮特问道。他知道女人常常因为流产而自责,悲痛已经够难过了,若再加上内疚,她们该如何承受。

"我,我……哦,我不知道!"劳拉说,"我一定是做错事才会失去我们的孩子。我不知道是什么事。我应该是孩子安全的港湾,可我不够安全。"她停下来,擤了擤鼻涕,擦了擦眼睛,悲伤地看着艾伦。

皮特静静地点点头,说:"我总是听人这样说,劳拉。尽管我知道他们都看过指导手册和数据;他们都知道,即使妊娠试验呈阳性,每十名受孕者中也会有一名在前十二周内流产。你知道的,对吗?"他分别看向劳拉和艾伦,两人点了点头。

"但知道这些也并不能让你们觉得更好受,是吗?"他问。夫妻俩摇摇头。皮特又蹲下来。

他默默地蹲在夫妻俩面前,等待着,看他们是否还有其他问题,以判断他们是否准备好走出诊室。

"我是来邀请你们到另一个房间的,"皮特终于开口,"那里比这儿更舒适,还有水壶和杯子。你们在那里坐多久都可以,你们可以慢慢消化这件难过的事，不用着急。我可以给你们煮杯咖啡，或者拿杯冷饮。"

"你们愿意和我一起从走廊走过去吗？我们不会经过等候区，只经过办公室。除了和我一起工作的同事以外，你们不会碰到任何人。你们觉得怎么样？"

另一个房间里，有一张沙发，两把扶手椅，地板上有一块柔软的地毯；角落里有一个光洁的洗手池，顶上有个架子，上面摆放着瓷杯；还有一台小冰箱，和贴着"茶""咖啡""糖"标签的罐子；一张低矮的咖啡桌上摆放着一朵绢花和一盒纸巾。皮特跟他们介绍了这些设施，然后说：

"你们可以一起坐在沙发上，但要是你们需要各自独立的空间，那两把扶手椅坐起来比看起来更舒服。你们可以从里面把门锁上，我每隔一段时间会回来看看你们。"

"我把这个笔记本和铅笔留给你们。有问题的话，就记下来。我会尽量回答，如果我回答不了，我可以去问其他同事。"

"你们想要谁过来陪着你们吗？家人？牧师？想请谁来都行。这个房间今天就是你们的，想用多久都可以。"

"我半小时后再回来。"

皮特很擅长他的工作。作为孕早期流产的专业护士，他经常遇到因为突然终止妊娠而无比悲伤的妇女和夫妇。他知道他不能让情况变好，他知道，每一对心碎的父母，他们的丧子之痛都各不相同，就像他们当初怀揣的希望不同一样；他知道，他们在离开医院后，许多人还要面对朋友和家人。亲朋好友会为了不让他们过于伤心，说一些多余的话去淡化他们失去孩子这件事，比如"至少你知道你可以怀孕""给自己休个假，然后再试试""至少那还不是一个真正的孩子""至少……"亲友们也可能从"帮助"的角度着想，不去提及怀孕、婴儿和流产；有些亲友甚至会在路边看到他们时，掉转头穿过马路，回避可能会引起悲伤的谈话。这样做虽然是出于善意，但却会让悲痛中感到孤独的人伤透了心。

皮特和他们科室专门准备了一个房间来包容悲伤，就是在声明：失去就是失去；孩子已经死了，这让人伤心；我们看到了你们的悲伤，我们在倾听。皮特花时间陪在每个悲伤的母亲和她的同伴身边，静静地和他们坐在一起，见证他们的悲伤，没有试图想方设法让事情变好，没有轻视他们的痛苦。

皮特定时回来看看艾伦和劳拉。他给自己倒了杯咖啡，坐在椅子上，听他们讨论怎么跟家人和朋友说这件事。他问他们预计别人会有什么反应，礼貌地提醒他们，不是每个人都会理解他们有多么悲伤。但皮特主要还是在倾听。艾伦和劳拉交谈着，在悲伤中慢慢过渡，直到他们觉得自己准备好，可以回家了。皮特送他们到楼梯间，路上避开等候室，然后望着他们，直到他们转过拐角，走出产科，走进外面的世界。

像皮特这样的人，深知并实践着一条重要的真理：我们未必总能让事情变好，但我们总是可以为它留出空间。

07

适时利用沉默

让我们换个位置，想象自己是被倾听的人。然后，大声讲述我们自己经历过的一个境况、一段记忆、一种恐惧，这也是我们理解它们的一种方式。我们把自己的故事讲给别人听，自己也会听到和重新认识那熟悉的故事。把发生的事从我们脑中提取出来，再用文字组织起来，会改变我们对它的感觉，有时甚至会改变我们原本对它的理解，但这么做很耗神。分享坏消息或个人困境，会让讲述者和倾听者都感受到其中的痛苦，令双方都无法自在地交谈。

倾听者可能想安慰我们，让我们不那么难过，觉得我们只要少说自己的痛苦，痛苦就会减轻。事实却恰恰相反：痛苦一直在我们的心中，等待着有人关注。倾听者向我们表达关注，给我们提供了空间，让我们去面对能在内心的平静中独自努力解决的问题。我们可以在这个空间里拆解痛苦，更好地理解它们，找到继续前进的方法。仁爱的倾听者，通过倾听和包容我们的痛苦，帮我们打造了足以承载这些痛苦的容器。最有用的帮助，往往就是一份沉默的包容。

　　克雷格刚刚接到他十几岁的女儿，她晚上和同学出去玩儿了。明天是星期六，她可以睡个懒觉，起来之后再做作业、学习艺术和音乐。克雷格找到她很容易：在体育俱乐部的停车场里，有一群嬉闹的年轻人，像飞蛾一样在路灯洒下的光池中影影绰绰。他们会在一个星期结束时踢场足球，然后去体育俱乐部的酒吧里一起玩儿，他们很开心。当然，他们不能喝酒，但他们喜欢那儿的音乐，喜欢聚在一起聊天、跳舞和八卦，这群年轻人对自由的周末生活激动不已。萨夏挥手示意他停车，跟她身边的两个女孩飞吻了一下，然后滑入副驾驶座。她上车后就坐在那里划手机看照片，沉默不语。

　　"晚上好，萨夏！"克雷格边问边把车开出了停车场。萨夏没有回应，只低着头看手机屏幕，屏幕在黑暗的车里发出蓝色的光。车驶过一盏盏路灯，橙色的灯光照亮了她的脸和她紫色的刺猬头短发。克雷格迅速地向旁边瞥了一眼，他看到萨夏的脸颊上闪烁着一滴泪珠。

　　"怎么了，想和我说说吗？"他问。汽车转过弯，灯火通明的城市街道变成光线昏暗的乡间公路。克雷格开着车，目视前方，沉默不语地等着萨夏的回应。

　　萨夏吸了吸鼻子，又擤了下鼻涕。

　　"他们嘲笑我的鞋。"她闷闷不乐地说。克雷格感到一阵欣慰。鞋！只是年轻人间关于时尚的小吵闹。他觉得自己刚才就像看到幼崽受到威胁的熊一样愤怒。他心中涌起一股父爱的温柔，说道："哦，亲爱的，只是鞋子而已，有什么大不了的？你应该是太累了，咱们回家好好睡一觉。只要你乐意，我们下周末就去买新鞋，好吗？"

　　萨夏点点头，关掉手机，把围巾高高拢起，闭上了眼睛。如果他连鞋子的事都不能理解，她又怎么告诉他其他的事呢？

克雷格很高兴，自己让宝贝女儿的心情变好了。

让倾诉者消化心思与情绪

消化坏消息，思考未来的困难，回忆过去的麻烦，这些都是生而为人必会经历的。我们的大脑喜欢收集零碎的信息，把生活中的各种困境拼凑起来，再在周围点缀上恐惧、羞耻和愧疚等情绪。这些情绪可以把各种悲伤的琐事堆成一座小山，让我们很难看到其他东西。面对这些伤心的事会让我们感到忧愁，思考这些伤心的事会让我们感到孤独。这些事过于沉重，令人难以承受，也过于苦涩，令人无法分享。

然而，**把困难分享出来，是既能让我们渡过难关又不至于彻底崩溃的关键所在**。讲述复杂的内心挣扎会消耗身体和情感的能量，还可能要面对他人的评价、指责和拒绝。情绪性推理本质上存在固有偏见，认为有不好的感受就代表我们本身是不好的，如果我们讲出自己的故事，别人就会发现我们的不好。不带任何偏见的倾听者能帮我们进行自我确认，因为我们能大声地讲出自己的故事，在我们向倾听者解释的时候，自己也重新听了一遍。如此简单的重新倾听，发挥的作用和外部建议一样强大。

倾听者的行为方式对于能否让叙述者感到安心至关重要。倾听者可能是不得不传达坏消息的人，也可能是我们在困境中碰巧遇到的人；可能是我们熟悉和信任的人，也可能是陌生人。在某种程度上，他们的身份并不重要。因为倾听的重点不在于倾听者是谁，而是倾听本身。

我们像剥洋葱一样，一层一层地揭开忧伤。外层是最不复杂的，我们可以没有太多顾虑地揭开其中几层，边这样做，边衡量倾听者的反应：他们是否感到震惊？厌恶？愤怒？也许他们表现得太过兴奋好奇，也许他们不屑一顾；类似的反应提醒我们，要把深层的东西好好包紧。平静、关心、不带偏见的反应，能让我们感到谈话可以安心地继续深入；而越是里面的那些层越蕴藏着更多情感，更难讲出来，也更令人难过。我们展露自己悲伤的同时，会再次评估倾听者的反应：平静接受并温和鼓励的倾听者，让我们能安心地继续讲述；听到我们的痛苦，他们附和着，表示理解，但如果他们劝我们说没事或想要淡化我们的悲伤，我们就会停止分享，把自己包裹起来。

难怪要做好的倾听者如此之难。好的倾听者要具备共情的能力，能意识到对方的痛苦，能看到他们思考的角度，但又要忍住不去过早地安慰对方，以免破坏让他感到安心的空间。让人有空间去消化痛苦，是支持和关怀的重要部分。作为痛苦中的陪伴者，倾听者需要为我们保留空间，在那里没有人评价、阻止、轻视我们的痛苦。

在谈话中，我们说话、倾听；我们提问，等待答案；我们作出陈述，也说出心里的疑问。但深入的谈话还包含沉默。有时候，没有人说话，但沉默在发挥作用。沉默时，我们在思考，把不同的想法汇集起来，拼凑出新的可能，发现新的理解，然后做出决定，或者改变想法。简而言之，沉默是谈话过程中真正有意义的时刻。

在沟通中，有个动作可能会让我们紧张不安，那就是眼神接触。人们普遍认为，"真挚的"交流需要直接的眼神接触。但如果我们仔细思考，就会意识到，当我们情绪脆弱时，长时间的对视会让我们觉得唐突、感到不安。许多亲密谈话，其实都是在我们肩并肩行走，或者一起做喜欢的事、眼睛都盯着手上的活儿，或者在车上其中一人在开车的时候发生的，基本没有眼神交流。而日常谈话中，虽然我们会本能地用目光给对方发信号，表示"轮到你说话了"或"这让我很惊讶"，但往往只有我们看向别处时，才给了对方独自思考的空档，或者表达我们还没有想好说什么。让沉默成为"思考的时间"，需要我们留心目光的含义：移开目光，表示我们尊重这一刻的沉默；看到对方在我们沉默时垂下目光，他们在考虑自己的想法；或者再次看向对方，让他们知道，如果他们准备好了，随时可以说，但我们不会打破当下的沉默。当我们无法看到对方，比如并肩向外看，或者用电话交谈时，也会有其他方法表示我们在听、在沉思或轮到谁说话了，而沉默依然是我们深度谈话的宝贵一环。

了解沉默的价值是温和谈话的关键。谈话的目的不是回避痛苦，相反，是要把困难、悲伤和挫折说出来，并接受预期中合理出现的情绪。倾听者在我们难过时陪伴在旁，仁爱地对待我们，让我们可以不受评价地尽情释放自己的情绪。

同时，他们保留沉默的空间，让我们消化自己的心思和情绪。虽然表面上看起来，只是简单的沉默，但我们却在内心深处思考、回顾、重塑、理解自己的想法和忧虑。沉默就像舞蹈中的停顿，让我们能缓一口气。

巧用沉默的克雷格

在克雷格去接萨夏之前，他让我们带他到街上转转，因为他来得有点儿早。他对女儿爱护备至，对他来说，萨夏是珍贵的奇迹。萨夏接受骨髓移植已经两年了，陌生人的捐献治好了她的白血病。萨夏回到学校，努力地追赶课业进度。她的朋友们都在"足球小分队"里，大多数都踢球，但萨夏因化疗留下了永久性的神经损伤，有时候会站不太稳。她不能踢足球，但她喜欢运动。星期五晚上，萨夏就在球场边线旁加油欢呼，然后和朋友们一起去咖啡馆聊天、听音乐、跳舞。孩子们管那个咖啡馆叫"酒吧"，想要听起来像大人一样。

萨夏比她的朋友们走得慢。因为地面不平，她有时会在球场边线上绊倒。她不能穿时下流行的高跟鞋或松糕鞋，非要穿的话，也只会摔倒或崴脚。虽然她的脚没法告诉大脑它们在哪儿，但它们肯定能告诉大脑自己到底有多疼。

萨夏今天精心打扮了一番，因为她对今晚有点儿小心思。她穿着一双翠绿的亮光漆皮靴，这是今天在着装上让她自信的点睛之笔。萨夏在足球活动后的聚会上认识了球队队长托妮。托妮在身边时，萨夏会感到从未有过的甜蜜和喜悦。萨夏觉得她们相爱了。今晚，她本打算邀请托妮单独约会。

但托妮今晚没和大家一起去酒吧。她从更衣室冲到停车场，有个年长的男生在车里等着她。"大家再见！"只见托妮从副驾驶的窗口挥着手，男生就把车开出了停车场。"周一见！"萨夏看着那辆车载着她的梦想驶出停车场，一阵撕裂的感觉拉扯着她的胸口。

"来呀，萨夏！你的鞋子那么亮，你应该走在最前面！"一个朋友喊道。他们穿过停车场向咖啡馆走去。但现在，这双鞋毫无意义，她的希望毫无意义，她的爱毫无意义。萨夏的心仿佛沉到了靴子里，这双没用的傻靴子，毫无意义却深深地刺痛了她，她真想把它们扔进垃圾桶。

现在，让我们跟随克雷格回停车场去接萨夏吧，连带着她那颗破碎的心。

"晚上好，萨夏！"克雷格边问边把车开出了停车场。萨夏没有回应，只低着头看手机屏幕，屏幕在黑暗的车里发出蓝色的光。车驶过一盏盏路灯，橙色的灯光照亮了她的脸和她紫色的刺猬头短发。克雷格迅速向旁边瞥了一眼，他看到萨夏的脸颊上闪烁着一滴泪珠。

"怎么了，想和我说说吗？"他问。汽车转弯，灯火通明的城市街道变成光线昏暗的乡间公路。克雷格开着车，目视前方，沉默不语地等着萨夏的回应。

萨夏吸了吸鼻子，又擤了下鼻涕。

"他们嘲笑我的鞋。"她闷闷不乐地说道。克雷格很惊讶，萨夏通常不会在意那些玩笑话。"哦，萨夏，我很心疼你，"他说道，把自己的想法先憋在心里，"我觉得你看起来很难过。"

克雷格觉得自己就像看到幼崽受到威胁的熊一样愤怒，竟然有别的孩子欺负他的宝贝女儿，让她伤心！他保持沉默，不时地瞥一眼萨夏。她划着手机屏幕，不停地叹气。几分钟后，克雷格跟萨夏说："如果你想跟我说说这件事，我愿意听的。"

萨夏放下手机。"我特意穿了这双靴子，爸爸，因为我喜欢一个人，那个人喜欢这样的靴子，我想证明我们很合拍。"

克雷格没有急着接话。萨夏说她喜欢一个人，她还没交过男朋友，但她已经到了情窦初开的年纪。他的大脑飞速运转，冒出一百万个可怕的念头：心碎、性、怀孕、更多的心碎、她跟了配不上她的男孩。克雷格想到自己，回忆起年轻时的约会，记起那时的快乐、尴尬，还有自卑感。

"所以你喜欢一个人？"他邀请女儿继续说，自己再次沉默。"是的，而且我以为，我以为她也喜欢我。"萨夏难过地哽咽道。啊，单相思，这亘古不变的主题。克雷格想着，松了一口气。心碎是成长的一部分，但是它让人心痛，非常痛。他又等了一会儿，才问道："那么发生什么事了呢？"四周黑暗寂静。"她们……她跟别人走了，"萨夏叹息道，"我根本没想到，你知道吗？我以为她喜欢我。""哦，那太难受了，宝贝，"克雷格说，"我讨厌那种心碎的感觉。"

"但是你有妈妈，而我谁也没有！"萨夏说。克雷格感到很受伤：你有我们啊！他想喊出来。但很好，克雷格，你忍住了，把这些想法留在了心里。黑暗中，他点了点头，继续等待着。

"没有人会爱我。"萨夏啜泣着。克雷格想告诉她，森林里不止有一棵树，她还有大把时间遇到对的人。但这些安慰的话并不适合现在说，因为她还在心碎的当口。

"也许是我想多了，"萨夏思索后说道，"我们聊靴子和足球，还喜欢同样的音乐。我们的感觉就像是'一拍即合'，你明白吗？"

"但我希望能更进一步，我满怀希望，心想也许她也这样想。所以我觉得自己很傻。但至少我还什么也没说，还没丢脸。但是……"在过往车辆灯光的照射下中，她脸上又闪过一滴晶莹的泪珠。

萨夏用沉默的时间来回顾自己的希望和假设。是托妮鼓励了她，还是萨夏误会了她们的友谊？萨夏对幸福永远失去了希望，还是对亲密关系有了新发现？她爸爸有没有意识到萨夏说的是个女孩子？他能接受女儿喜欢女生吗？萨夏准备好对外承认自己喜欢同性了吗？

洋葱还有很多层没有剥掉，等萨夏准备好时，再去一层层揭开。但在这辆夜色中行驶的车上，耐心的爸爸，用包容的沉默，给了女儿安心的空间，以便诉说她的心事。

这绝对不是关于鞋的事。好样的，克雷格，你保持住了沉默。

与倾听相反的行为

要是克雷格插手帮女儿出主意，他可能就违背了倾听的本意。无论倾听的对象是我们的女儿、朋友、同事还是客户，我们都会情不自禁地想去帮忙。然而想让情况好起来与倾听的本意可以说是背道而驰。很多时候，人们努力让情况好转的目的是减少痛苦，但事实上减少的却只有倾听者的痛苦。

　　以下这些都是"与倾听相反的行为"，需要我们留意。大家可能会发现自己做过其中一些事，有些可能还是你的习惯，这没问题。只要你能注意到自己的行为，就是改变的第一步，我们称为洞察力。下次如果你注意到自己想要做什么时，就在心里微笑地感谢自己的洞察力，然后继续倾听吧。不要被脑子里"如果我是你，我会怎么做"的声音分心。保持专注，去倾听，随着每一次练习的增加，你会越来越容易成功，也会在以后的倾听中更自如。

- 打断对方：让对方讲述他们的故事，不要接他们的话，或觉得故事会按照你所期望的路线发展。说安慰的话也是打断对方。

- 讲你自己的故事：在我们听他们的故事时，不要告诉他们"这和我某个时候一样"。跟他们说"我在听"，来表达共情，但不要讲你自己的故事。你也许觉得自己的故事和对方的类似，其实很可能大相径庭。

- 给建议：如果真的有简单的解决方案，人家可能早就走出困境了，所以，你只要倾听就行了；如果事情听起来很简单，那就是你理解得还太浅，所以，你要继续听。

- 过度认同："我完全知道你的感受。"不，你不知道。

- 淡化痛苦：如果他们很难过，就照看好他们的情绪。不要想着拯救他们，不要想方设法地转移他们的注意力或谈话的方向，只要让他们知道你会陪着他们渡过这个难关就好。

- 想办法解决问题：那不是你能做的。如果可以的话，时候到了，他们自己会解决的。你只需要继续倾听，多提些问题，多去理解对方。

- 做假设：眼泪可能代表悲伤，但也可能不是。它们可能是激动自豪的泪水、脆弱的泪水或后悔的泪水。靴子并不是萨夏的问题所在，但靴子代表什么却非常重要。当我们静静地坐在那里，陪在痛苦的人身边时，我们一定不能觉得自己已经理解了整个故事。一个人的死亡，对某些人来说，可能是难以想象的打击，也可能是经过漫长等待后的解脱，如果这是个难以相处的人，他的离开带来的还可能是复杂的遗憾；一个人失去工作可能意味着从多年的职场欺凌中解脱，但同时还有面对财务压力的不安和恐惧；一个人考试失败可能会让其他生活计划跟着搁浅了，所以失望也许根本不是因为考试结果。想知道什么，就去问对方，不要自己假设，要去确认你的理解。

08

恰如其分地结束谈话

谈话开始了，你传达了消息，或者听到了别人传达的消息；你倾听别人，希望也有人倾听你；现在是结束谈话的时候了。如果你们沟通得很好，那么谈话的温和气氛仍弥漫其中；如果你们谈得不太顺利，那可能还会有悲伤、难过或愤怒的情绪残留；或许两者都有：大家既认识到伤心之处，也对共同关心的事情有了更深的理解。

我们如何恰如其分地结束谈话？突然改变话题，冲向门口准备离开，还是开个尴尬的玩笑？这些我们都见过，对吧？我们都知道应该尽可能友好地结束交流，在安心和关怀的氛围中结束谈话，好让我们能在需要的时候继续讨论。

找到恰当的时间结束谈话，需要你协调好各种影响因素，有些是我们可以控制的，有些则是我们无法控制的客观存在。患病的人很快就会耗尽精力，他们也许只能应付几分钟的谈话，我们必须留意他们还剩下多少精力；谈话中的某一人可能有其他时间上的限制，比如，要赶公车、回去上班、接孩子；在谈话中途有其他人来，不管是否在意料之中，我们独处的时间都可能会因此缩短。当我们深入专注地倾听时，时间就会过得出奇的快。我们可能突然发现自己得走了，但不知道提出来会不会显得不顾及对方的感受。只要我们处理好结束谈话的方式，就可以确保每个人都能从强烈的情绪中缓过来，不会有仓促、受伤或生硬的感觉。

用直接或感谢的话语结束谈话

我一直觉得温和谈话中的时间管理很难，但通过多年的工作经验，我也找到了一些应对的方法。第一种方法是，一开始就讲明可以聊多久，让双方一起控制时间：

- "我现在有半小时的时间，如果你愿意的话，和我聊聊你的想法吧。"

- "如果你现在想谈谈这件事，你需要在什么时候结束谈话？"

- "这件事听起来很重要，我们需要聊一下。现在可以吗？还是说，等一下可能会有别人来，你还不想让对方听到？"

- "我很高兴你愿意和我聊这件事。麻烦帮我一起留意着时间，以防我忘了去学校接孩子。"

谈话双方一起计时，给我的工作带来了巨大的改变。以前，我觉得看表很不礼貌。我很纠结，不知道应不应该诚实大方地将目光扫向手腕，因为我担心这么做会让对方觉得我心不在焉；或者尴尬地伸出一只手摸索，漫不经心地推开另一只手腕上的袖子边儿，然后随意而隐蔽地瞄一眼，但这可能只是掩耳盗铃。当双方讲明了时间，我就能光明正大地看表，说"没问题，时间还很充裕"或者"快要到你的巴士/我下个约会/送你回家的时间了"，然后简短、谨慎地结束谈话。

结束谈话不等于完成讨论。我们可能还有很多事要思考和讨论；我们可能明确了还有多少事需要继续讨论，却发现时间或者精力已不够了。结束谈话只是一个临时措施。如果我们结束得好，双方达成共识先暂停谈话，就可以安心地留待下次有时间接着聊。虽然这支舞已经结束了，但我们可以另找时间再跳一支。

到目前为止，我已经举过几个例子，其中的谈话开始之后又好好地结束，留待以后继续。埃洛伊丝和她的妈妈、杰克和他的老师、克雷格和他的女儿萨夏，都需要继续讨论。他们把讨论分成几次简短的谈话，就能在探索手头问题的同时，也探索如何去谈论这个问题。他们已经准备好再次谈话，有的是达成了共识，比如，安诺弗老师邀请杰克进一步思考，然后再回来继续讨论；有的是等待合适的时机，比如，埃洛伊丝等了那么久，终于开启了和妈妈的谈话，埃洛伊丝知道下次聊天时自己可以再次提到这个问题；而克雷格已经让女儿知道他会倾听，只待萨夏考虑好是否继续跟他倾诉。

以上的例子再一次说明，原本感觉有点尴尬的事情，其实直接说出来就能轻易解决。

"我想今天就到此为止吧。我们可以再找个时间继续讨论。""很抱歉，我现在得走了，我们今天只能聊到这儿了。""你看起来很累，我们要不就先这样，下次再继续？"

在双方分开或去做其他事情之前，最好确认一下彼此是否都准备好结束谈话了。这也是一起合作、共同推进讨论的另一种范例。同样，这样做并不复杂。

"你觉得今天就到这里可以吗？""我知道你现在得走了，你觉得可以吗？""我很快就该走了，你觉得可以吗？"

表达感谢也是结束谈话的有效方式。"谢谢你听我说这些。""我很高兴你能和我谈这件事,谢谢。""谢谢你愿意花时间和我一起思考这个问题,我知道这很不容易。""我知道还有很多事要谈,但我很高兴我们已经开始讨论了。"

我们还可以安排好如何跟进谈话:"我明天会给你打电话。""等你有时间仔细思考我们的谈话时,能给我打个电话吗?""我们什么时候再一起讨论一下?"

如果气氛融洽,温和地结束谈话的时候,你们就可以拥抱、亲吻对方,可以向对方展示片刻的温柔。想怎么做都可以,跟随你的心吧。

这一整套哲学的精髓在于:

"倾听,保持安静,留出空间,专心致志。做到这一切需要双方共同努力。"

应何时寻求帮助

有些困难,用时间、空间、温和倾听可能不足以应对,还需要其他帮助才能解决。重要的是,我们要知道什么时候需要找专家,寻求专业帮助。这些"外援",可能是用来帮助痛苦之人的,也可能是用来支持助人者的,这些人中同样包括你自己。

如果有人跟我们说,他们可能有很严重的健康问题,或者他们经历过听起来很危险的事,给他们带来了创伤,那我们可能要想办法在我们力所能及的范围之外,为他们寻求建议和帮助。如果他们跟我们说一些令人担忧的行为,像赌博、饮酒或吸毒成瘾,我们该怎么办?如果他们告诉我们,他们"发现了一个肿块"或者其他可能是严重疾病的症状，我们要怎么办？这些困难都需要专家的帮助和支持。虽然我们可以靠倾听来帮助病患，但也应该告诉他们，我们的帮助并不足以保证他们平安无事。

他们可能会透露或暗示自己在早年生活中遭遇过强奸、家暴、虐待等不幸；或者有过创伤性经历，比如出过事故、参加战争打过仗；或者经历过其他对困难事件几乎毫无控制感的情形。重要的是，不要认为只有这些严重的事才有创伤性。我见过有些人因为在陌生的城市里迷路或者在精心规划好的定向越野徒步中分不清方向而受到创伤的。

丧失控制感的经历会造成精神创伤，因此，让当事人有对下一步该做什么的掌控感很重要。如果他们想聊自己的创伤，我们最能帮到他们的就是冷静倾听。记住，逼他们讲述经历过的事可能有害，但我们可以转移他们的好奇心，到去思考他们可能会如何应对痛苦上。他们以前努力做过什么？是否已经有人在帮他们应对创伤？他们是否希望你帮他们寻找其他帮助？要告诉他们你想要寻求额外的帮助，这很重要，因为他们可能认为你就是能帮助他们的人，但你也应该照顾好自己。

"我想帮助你应对这个问题。我们要不要找一个能给我们专业建议的人？""我知道的不够多，无法帮你。我会支持你，但我希望我们能找其他人给我们建议。""如果你决定去见全科医生 / 警察 / 心理咨询师，你希望我陪你去吗？"

遇到有自杀想法的人怎么办？你可能会惊讶，每五个人中就有一个人在人生的某个时刻有过自杀的想法。这些想法对大多数人来说转瞬即逝，但对某些人来说，这些想法可能会把他们压垮。研究表明，人在自杀之前往往会有一段时间，感到自己与世界、烦恼和痛苦距离很远，因此，他们可能看起来很平静，但其实完全沉浸在自杀的想法中。他们处于这种状态时，跟他们交谈可以

"打破他们表面上看起来一切安好的假象"，把他们带回安全地带。这就是撒玛利亚会 ① "闲聊可以拯救生命"活动的主旨。

自杀是谈话的禁忌话题之一。谈论性不会让人怀孕，谈论死亡不会缩短人的生命，同样，谈论自杀也不会让人动手结束自己的生命，反而能开启人们讨论这个话题的大门。

有自杀念头的人很少直接说"自杀"，但他们可能会说"一切都毫无意义""我一无是处""谁会想念我呢""不值得再继续下去了"这样的话。如果我们注意到这些迹象，然后以好奇心提问的方式作出回应，就能让他们说出自杀的想法和打算。他们可能只有"不想活下去"的模糊概念，也可能已经想好结束生命的明确计划。大多数有自杀想法的人并不想死，虽然他们想活着，但是得活得更好，或解决了某些特定困难。询问这些想法，通常能宽慰有自杀念头的人。

"你对未来有什么想法？""你曾经想过伤害自己吗？""你有过自杀的想法吗？"这样的问题可以问。如果他们没想过自杀，那么你的问题也不会让他们产生这种想法；如果他们一直都有自杀的想法，他们可能会害怕自己的想法，并因不敢承认这个想法而孤立自己，也可能会对自己的想法感到愧疚或羞耻。如果你不带偏见的询问能向他们保证他们可以安心地说，那么你就可以向他们提建议并帮他们寻求帮助。撒玛利亚会的网站上有更多关于帮助有自杀想法的人的建议，从如何应对危机到如何支持他们建立互助网络。

有关倾听的方法指南，如表 8-1 所示。

---

① 撒玛利亚会（Samaritans）是为情绪受困扰和企图自杀的人提供支援的慈善机构。

表8-1　倾听：方法指南

技巧（目的）	注意事项	有效用语
发出邀请，不要硬让对方聊（让对方主导）	是否在合适的时间、场所？尽量使双方力量平衡	我们可以聊聊……吗？ 你想从哪里开始聊？ 有什么是我需要知道的呢？
为理解而倾听（让对方感到有人理解）	接受而不评价 确认你的理解 承认解决问题并不简单 接受激动的情绪 你不需要知道该说什么，你只需相信自己 重视沉默	我愿意听 和我说说吧 我能确认一下，你的意思是……吗？ 你刚刚说的是……，我理解的对吗？ 听起来你对这件事感到难过/生气/害怕…… ……沉默……
用好奇心开启话题（让对方感到有人倾听）	保持开放的心态 平等相待 你并不知道答案，但没关系	你愿意跟我说说……吗？ 我想知道更多关于…… 怎么……？什么……？什么时候……？在哪里……？
用开放式问题来了解当下的情况：（让对方能够梳理自己所处的情况）	运用开放式问题 一起探索 不要给建议	再跟我说说…… 你对那件事有什么感受？ 你当时还怎么想/说/做/觉得的？ 你现在怎么看待那件事呢？ 我们有没有什么没说到的？ 可以从别的角度去理解这件事吗？
用开放式问题探索前进的方向：（让对方能够思考应对的方法）	运用开放式问题 一起探索 不要给建议	有没有想过接下来怎么做呢？ 有没有哪方面是比较容易改变的呢？ 过去的经验有没有现在可以借鉴的？ 如果有朋友跟你倾诉类似的问题，你会怎么建议对方呢？
用陪伴缓解痛苦（让对方感到有人看到和承认自己的痛苦）	不要想着解决问题 承认痛苦的存在	这令人难过 这件事让你这么难过/害怕……我很抱歉 我在这儿陪着你 我会尽自己所能帮助你
让沉默发挥作用（让对方有空间思考）	不要想着打破沉默 用简单的表达方式示意你还在听	嗯…… 慢慢来 不着急 是的…… 我知道这很难，没关系，慢慢来 有很多事需要思考

技巧 （目的）	注意事项	有效用语
温和地结束谈话 （让对方在离开时 不觉得脆弱或没有 安全感）	双方一起计时 结束谈话不代表完成讨论 留意对方是否疲倦或者是否 有他人介入 相互同意	差不多该结束了，但我们可以再找个时间继 续聊 谢谢你听我说 / 跟我说这些 你觉得今天就到这里可以吗?
照顾好自己 （你能保证自己身 心健康）	你也需要关怀 保持健康很重要 边界感很重要	很抱歉，我不能承担这个问题 我希望我可以，但是……我需要一些自己的 时间 ……我现在没有做这件事的时间……我需要 先给自己充充电 不（必要的话，重复说这个字）

第 2 部分

**如何让困境中的人自己走出
痛苦并做出改变**

LISTEN

　　前面的章节介绍了如何开启让我们犹豫不决的谈话方法，如何去理解对方的思考角度、困难和处境。我们探索了用好奇心和提问来仔细倾听、尊重沉默的时间、陪伴痛苦中的人等基本技巧。我们要为对方提供温馨的空间，让他们讲述自己的故事、探索解决方法，遵循这一原则，我们将帮对方更全面和更深入地理解他们自己的境况。

　　但有时，敏锐的理解力可能无助于改变事情的走向。我们需要继续探索，怎么去帮助他人找到切入点，这样才有可能让人们做出有益的改变。即使所处境况无法改善，人们也可以用不同的应对方式让自己过得更好、更自在。那不好的方面呢？这取决于你怎么看。如果你想替别人解决问题，那么很抱歉地告诉你，我们不打算这样做。"解决问题"是由我们去想办法，而不是让他们去完成。我们遵循的原则是，只有靠自己才能最终解决问题；我们采取的方法是，怀着好奇心和关注力，在对方身旁，做陪伴者，而不是做专家或"解决问题的人"。

　　即使舞蹈动作变得越来越复杂，舞者还是会保持同样的平衡和姿态；即使他们要加快动作或更频繁地改变方向，他们还是跳同样的舞步。以同样的方式，我们会回看之前讨论过的谈话技巧，用这些技巧让谈话对象更深入地了解自己的情况，并思考接下来可以怎样做；我们会用认知行为治疗法（Cognitive Behaviour Therapy，CBT）中的一些概念去更详细地描述人们的经历；我们还会考虑，在人们痛苦的时候倾听和陪伴他们，给他们搭建平台，让他们反思、重组自己的情况，然后继续前进。

　　要想取得进展，我们必须让"音乐"引导我们。这句话的意思就是，在复杂的谈话中，我们要相信自己，相信我们的原则，相信对方是最能解决他们自己的问题的人。

09

专注倾听、关注情绪、表达好奇

接受认知治疗师的培训后，我意识到"认知行为疗法的情绪困扰模型"实际上就是解释"人是怎么回事"的模型。认知行为疗法的技能组合模型适用于倾听和关注，因为当我们用心倾听时，我们会观察对方的行为和情绪反应，并注意对方说话时所使用的语言、语调，还有表达的流畅性。这种专注的倾听让我们对当事人的内心经历感到好奇，对他们如何看待自己所描述的事件感到好奇，还会好奇他们的想法对他们的健康幸福有什么影响。该模型还提倡倾听者说出自己的好奇，我们大声说出心里的疑问，在和对方的谈话中，既探索可以怎么做，也探索现状。

认知行为疗法的四个基石

认知行为疗法模型描述了我们内心体验的四个基石：我们的想法、情绪、身体感觉，还有这三者之间的行为联系。生活中的任何体验都可以通过这四个方面和它们之间的关系来解释，但我们在生活中很少关注它们，我们通常只能感知到表面上明显的现象，而轻视、忽略或意识不到内心体验的其他方面。

作为一名认知治疗师，我的任务是帮来访者注意到所有的这四个方面：他们面对自己所处的情况产生了什么想法，这些想法又怎么引起他们情绪、行为和身体感觉上的反应。我们每个人在很多方面都千差万别，包括我们的自我意识，这太神奇了。有些人对自己的身体感觉非常敏锐，但令人惊讶的是，他们对自己如何思考和自我沟通毫无感知；有些人能非常强烈地感受到自己的情绪，但却不能把情绪和引起情绪的想法或由情绪引起的身体反应联系起来；有些人生活在思想的"泡沫"中，虽然能意识到自己的想法，却感受不到它们与情绪或行为的关系。

无论是教一个人理解自己的内心世界，还是教照顾者理解他们所照顾的人，我都会用图 9-1 来解释四个基石的概念。除了想法、行为、情绪和身体感觉这四个基石外，我还一直要求他们认清所描述情况的具体环境或触发因素。

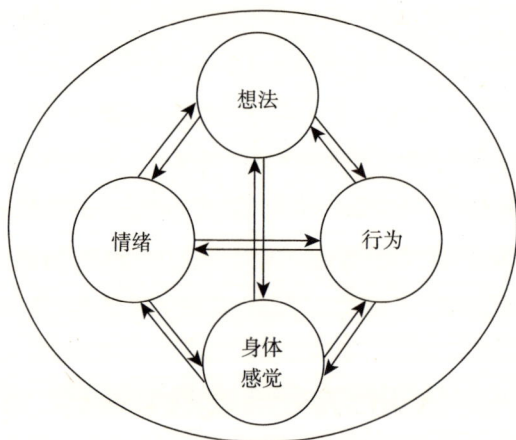

图 9-1　四个基石

观察别人的想法、情绪、行为和身体感觉之间的关系，往往比观察我们自己的容易。试想一个孩子，或者成年人，他因为饥饿而感到生气，我们称之为

"饿怒症"。他们暴躁、不可理喻、闷闷不乐，但只要明智的父母或对此习以为常的同事或朋友给他们几块饼干吃，不过五分钟，他们就又喜笑颜开了。

对于饥饿的人来说，这四个基石应该就像下图这样。我们都认识患有"饿怒症"的人，所以我希望图 9-2 能让你更有同情心，能更好地和他们相处。

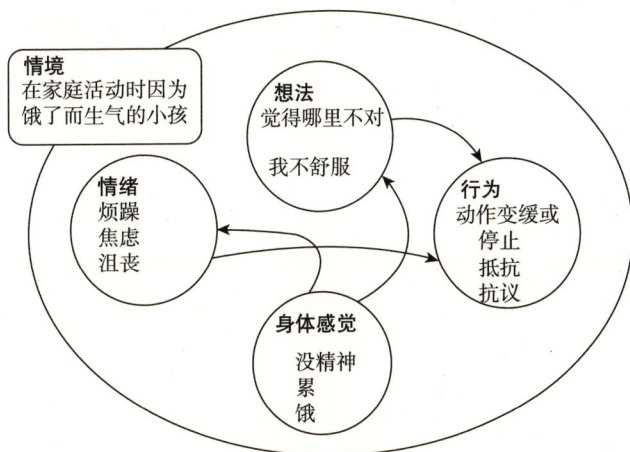

图 9-2　"饿怒症"案例解析

我们观察到他们逆反或暴躁，反应或动作变慢，这都是疲惫和饥饿的身体感觉所引起的行为表现。但有些人并不"了解"自己的身体，所以他们在能量储存耗尽时并没有采取行动把自己喂饱。忽略了饥饿或疲惫的身体感觉，他们可能只意识到自己情绪不安，感到紧张和焦虑，也可能只意识到自己因为疲劳或者周围人"无理的"要求而产生的沮丧情绪而这些情绪，其实是由他们可能没有注意到的"觉得哪里不对"的想法引起的。

饼干并不神奇，它只是让人恢复了正常的血糖水平，找回身体的安全感，让"我不舒服"的焦虑感消失。所以吃下饼干之后，患有饿怒症的人很快就又感觉良好，变得快乐友善了。

　　这种相互联系的过程模型经常用于认知疗法，帮助患者更好地观察自己，更全面地了解自己的经历。图 9-1 在治疗中被称为"案例概念化"（formulation），它像地图一样，用来描述当事人遇到困难的具体情况。接着，接受治疗的人会学习一些技巧，去检验改变行为能给他们带来什么益处，或去审视和挑战他们的思维模式，在这个过程中找到应对和处理他们的困难的新方法。优秀的治疗师不直接去解决患者的问题；相反，他们教患者如何解决自己所面临的困难，给患者提供在以后的生活中也能使用的方法。本书并不旨在教授认知疗法，但我们可以从认知疗法的知识中借用一些理论和技巧，用于温和谈话这门艺术上。

　　认知行为模型研究想法、行为、情绪和身体感觉之间的联系，让我们拥有自我意识，从而意识到自己的身体和心灵；它让我们拥有倾听意识，帮助我们意识到他人在关注什么，他们经验中的哪些方面可能没有讨论到，甚至都没有意识到。

拥有自我意识

　　要想真正地专注于对方，我们需要先认识到自己的想法和情绪是如何改变注意力和行为的。这种想法、情绪、反应（身体感觉和行为）的相互作用，会影响我们参与、倾听和理解谈话的方式。同样，对方对谈话的理解也会受他们情绪状态的影响。关注我们自己的内心体验，能让我们在谈话时保持情绪稳定。我们可以提升关注自己情绪的能力，留意自己的想法和可能出现的注意力失衡，在谈话时保持自主意识。

　　我们要如何做到呢？自我意识是关注自己内心体验的习惯。在我们准备和参与重要谈话时，留意自己的想法和情绪，意识到自己的身体反应，对我们的行为保持警觉，可以让我们获得提示和信息，有助于顺利完成谈话。以这样的方式倾听自己，并通过我们的观察和思考、情绪反应和预感，来决定我们在谈话中做出怎样的回应。通过观察我们自己的"四个基石"，有助于我们在与寻求自我平衡和清晰认识自己的人交谈时，沉着稳定，保持自我意识。

想法

想法是在我们大脑中活动的载体。我们可以用文字、图片、颜色、数字、形状、声音、感觉来思考。有时我们以线性方式思考，把想法连起来，按时间顺序组织事件；有时我们会在脑中拼贴或绘制流程图，来总结我们对大量不同信息的理解；有些想法是对事件的评论，其他想法是对过去的回忆或对未来的想象。人们的想法会驱动行为和情绪："我迟到了"的想法可能会改变我们的行为，比如抓紧时间、走捷径、打车，也可能让我们感到焦虑、沮丧或内疚，这取决于当时的情况。想象一下未来会发生什么事，可能会给我们带来希望、悲伤、愤怒、绝望的情绪。

当我们专注于温和谈话时，我们会有意识地想一些事情：我们想给予或接受什么信息，我们已经知道对方的哪些情况，以及要讨论什么事情。在谈话过程中，当我们衡量对方或其他人的反应、倾听他们的问题和评论时，会产生与谈话有关的新想法。

有些想法不那么"受控"，是"自发形成"的。我们心里的"评论员"通过我们的感觉来体验世界，它评价、批评、让我们产生情绪、劝我们去做什么、喋喋不休地分散我们的注意力，妨碍我们去好好倾听。这些想法包括"我可能会让他不高兴""我锁车了吗？""我把事情搞得一团糟"，意识到这些"内心的背景噪声"可以让我们不去理会它们，能够专注于手头的工作。

不是每一个想法都是真实的，意识到这一点对我们来说非常重要。我要再说一遍：我们想到它，相信它，并不代表这个想法是真的。我们很容易妄下结论，把假设当作事实，或者相信很多其他不准确的想法。想法不一定是事实，这个结论适用于我们自己的想法，也适用于我们倾听的对象的想法。我们受想法所引导，但不能被它蒙蔽。

情绪

情绪是反映我们内心状况的重要指标，它会影响我们的注意力和行为。当我们感到焦虑时，我们会更留意可能存在的威胁；当我们感到悲伤时，我们更容易想到伤心的记忆；当我们感到满足时，我们更容易放松下来。关注自己的情绪状态，有助于我们在推进温和谈话时更有洞察力。在这次谈话前我感觉如何？周围的人也许比我自己更能看出我的内在情绪状态。我的情绪是否会影响我与对方沟通的方式，如果是的话，怎么影响的？这种影响会对谈话的时机或安排有牵连吗？在谈话之前、期间或之后，我可能需要什么帮助？我在谈话中感觉如何？留意谈话中双方的情绪波动，能让我们意识到自己和谈话对象的需求：当谈话的氛围发生变化时，我们要有所感知，这样可以相应地调整我们的反应；我们要有明确而温和的边界意识，以维护自己的安全；焦虑会损害我们的威信和形象，而愤怒会影响我们清晰表达的能力。

有时，我们听到的故事会让我们产生强烈的情绪。这样的反应是很自然的，但这些情绪可能让我们感到不自在，甚至会影响整个谈话。由于我们在关注别人的情绪时，可能需要抑制自己的情绪，所以事后我们应该花点儿时间，让自己冷静一下，或者在能保护好受访者隐私的情况下和别人聊聊。承认我们的苦恼并加以处理，这很重要。从事倾听工作的专业人士和志愿者都有督导，督导会给他们营造安心的空间，去讨论倾听他人所带来的情绪影响，安全地应对可能因此产生的强烈情绪，这有助于让他们保持情绪健康。如果家人和朋友习惯把你当成固定的"求助对象"，那么你应该考虑找一个人，能像你对家人朋友那样，给你营造一个同样不带偏见且有关怀意味的空间，以此来维护你自己的情绪健康。

自我意识帮助我们不受情绪的支配，不让情绪打乱我们的方向。

身体感觉

我们是有形的生命，而在温和谈话中，我们努力把精神注意力投入倾听和支持他人上，这时，我们的身体可能会帮助我们，也可能会阻碍我们。感到疲惫或饥饿，会影响我们的情绪和我们的注意力；还有来自膀胱和肠道的那些重要感觉，有时也值得我们关注和解决。

"我想听你的故事，但我今天太累了。我泡两杯咖啡，我们谈话时一起喝好吗？""这件事很重要，我想仔细听你说，但请给我点儿时间先去个洗手间。""我们能在谈话时吃点儿东西吗？我很饿，但我也想听你说。"

身体的感觉还能告诉我们对故事的反应：头痛可能说明我们感到紧张；流泪、喉咙肿胀是我们对悲伤故事的反应；如果我们感到焦虑、恐惧、愤怒，就会口干舌燥、心惊肉跳、呼吸急促。这些身体感觉的变化也能提醒我们，去留意对方是否也经历着情绪反应，我们可以用好奇的提问来确认。

自我意识能让我们不被自己的身体感觉分散或转移注意力。

行为

我们的行为可能是我们最重要的资产，也可能是我们最大的弱点。如果我们能保持专注，保持好奇心，为谈话保留不带偏见的空间，让对方在回答我们的问题时探索他们自己面对的情况，那么我们就用平静的行为、平稳的提问、对理解的反思和确认，营造安全的谈话框架，让谈话按照对方的节奏进行，并尊重对方的自主权。这些都是优秀的"助人行为"。

　　但是，哦！我们多么想给建议，多么想提出解决方案、提供安慰、打断他们的回答、告诉他们我们自己的故事啊……如何控制想要帮助他人或解决他人问题的冲动，取决于我们能否克制这些几乎不自觉的行为。观察自己，留意自己行为上的冲动，能让我们重新专注于倾听、控制想要主导谈话的冲动、注意保持空间和好奇心，把对方视为能自己解决问题的人。即使是经验丰富的治疗师，也会有这种解决他人问题的冲动，他们得在心里不停地默念"要袖手旁观"，以管住自己。

　　能察觉到自己想要做点儿什么事的冲动，可以让我们调整自己的行为。

拥有倾听意识

　　当我们观察自己，以确保我们为对方留出空间，不让自己的想法和信念占据主导地位时，我们也在密切关注我们正在倾听的对象。参与温和谈话的每个人，都经历着想法、情绪、感觉、行为之间的相互作用。我们可以利用"四个基石"模型来实现谈话双方之间的平衡状态。

　　当我们观察谈话的对象时，我们可能会看到他们脸红、慌乱、犹豫、焦虑不安，还可能会注意到他们在流泪或颤抖。to feel（觉得）一词有多种用法，这可能会让我们在使用认知模型时有些困惑。想法、情绪和身体感觉，都能用 I feel（我觉得）来表达，但在这些不同的表达中，我们说"我觉得"的意思是不同的。

　　当我们倾听时，对方可能会用"我觉得"来表达想法，比如"我觉得孤独 / 被误解 / 被抛弃"，或者"我不觉得自己准备好了 / 足够勇敢 / 有人倾听"；或表达情绪，比如"我觉得悲伤 / 愤怒 / 充满希望"；或表达身体感觉，如"我觉得不舒服 / 冷 / 饿"。"你觉得怎么样？"这些问题得到的回答，可能关于情绪，可能关于想法，也可能关于身体感觉。

认知模型的益处在于，它不仅能让我们注意到对方说了什么，还能注意到他们遗漏的内容。我们想知道空缺里会填上什么内容，就让我们的好奇心变成问题，帮他们反思和注意到遗漏部分的更多情况，还有他们对这些情况的反应。只有这样，我们才能一起对讨论的问题有更全面的理解。

倾诉者可能会一直说他们睡得多不好，他们如何吃不下饭，还有他们为什么总是紧张不安。当我们注意到他们只描述自己的身体感觉时，我们可以找机会，温和而好奇地问他们：睡不着觉时在想些什么，吃不下饭时会做些什么，紧张不安时有些什么反应。

同样地，我们帮助的人可能也非常清楚自己脑中那些麻烦的想法，比如，预想太多困难和障碍，搞得自己不知所措。我们可以问他们，这些想法让他们做了什么，或者没做什么，这样，能让他们注意到自己是怎样被束缚住的或者是怎样在还没解决问题的情况下就逃跑的。例如，"我肯定过不了驾照考试"的想法让他们在情绪上觉得焦虑；焦虑的情绪又让他们觉得身体不舒服，感到口干、反胃、恶心；不适感让他们取消了考试，他们以为这样也许能缓解所有的症状。这是一个恶性循环，但他们可能从没这样全面地推导过。

运用好奇的问题，问对方先注意到了什么，接下来发生了什么，然后又引起了什么，等等，可以帮他们看到自己是如何陷入这个循环的。

倾听意识的案例解析如图 9-3 所示。

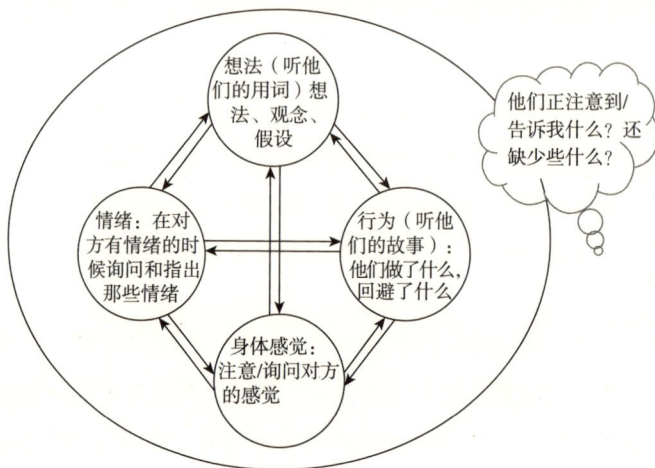

图 9-3　倾听意识的案例解析

　　我们可以用这个模型来帮助我们提问，挖掘更多细节，也能帮助对方注意到他们的情绪、想法、行为和身体感觉之间的联系。有益的问题能让对方看到他们以前可能没有留意的方面，或者察觉到他们所处困境的不同部分之间的联系，从而有助于他们找到适应或应对的新方法。

- 不要被想法蒙蔽
- 不要被情绪支配
- 不要被身体感觉迷惑
- 不要让行为破坏联系

10

领悟沉默的本质，坚定陪伴

谈话中如果有长时间的沉默，我们就会感到尴尬。我是该说话还是该保持沉默？这对他们来说是不是太难受了？我是不是应该换个话题解救他们？如果是电话交谈，我们甚至会怀疑是不是掉线了，对方是不是还在电话的另一端。

然而，我们也知道，沉默是真正有意义的时刻。保持沉默是我们可以使用的技巧之一，能让对方有空间去思考他们所处困境的各个方面，或可能解决问题的方法。那么，如何向对方表明，我们为他们保留着这个空间呢？

向学生求助热线寻求安慰的法拉

这里是午夜学生求助热线的工作中心，查理和皮帕是今晚的志愿者。正值春天，快到考试季了，这是学生求助热线一年中最忙的时候。一般来说，第一学期的前几个星期，热线会比较繁忙，因为新生会想家、感到孤独，甚至一些有长期心理健康问题的新生，会因为没有家人支持而感到无助；高年级学生也有新的压力，比如和室友发生龃龉，没钱付住宿费，或在开始最后一学年着手写毕业论文时，对自己的成绩感到焦虑。圣诞节前后也有一个小高峰，有些人的生活并不像电影、广告和电视节目中呈现的那样家庭和睦、温馨美好，对他们来说，这是一年之中最孤独的时候。但最忙的日子还是要属春天：学生们一边有考试临近，一边要计划暑假安排；有的人要提交决定自己能否顺利毕业的论文；有的人忙着找工作，却在成功之前收到无数拒绝信；有的人为了暑假在海滩上秀身材准备健身，有的人则因为身材感到自卑；有的人有太多聚会要参加；有的人却落了单。春天，有如此多的向往，也有如此多的打击。

电话响了，这次轮到查理接电话了。中心常驻两名志愿者，如果他们需要支持，还有一名大学人文关怀小组的老师随叫随到。查理按下扬声器，说："这里是学生求助热线，谢谢你给我们打来电话。请问你叫什么名字？"

除了车流的声音，电话里一片寂静，听起来这个来电的人是在户外。今天晚上很暖和，但也已经很晚了。尽管对有些生物钟独特的学生来说现在并不算晚，因为这个点儿可能才是夜猫子们的早餐时间。

"你好，"查理重复道，"我能听到一些车流声，但我听不到你的声音。你能告诉我你的名字吗？"

"法拉，我叫法拉。"一个女声说道，接着又是一阵沉默，中间夹杂着呼啸的车流声和远处的消防警笛声。

"你好，法拉，你今晚过得怎么样？"查理问道。他问的是这个特定的时刻，因为来电的人可能有太多糟心事，一句平淡的"你好吗？"会让她不知道从何说起。让对话保持在当下这一刻，有助于讲述者专注于现在。查理这样的提问是在邀请来电的人加入谈话的"舞蹈"中。

"我可以问你一些事情吗？"电话另一端的声音问道。她选择加入"舞蹈"中。

"当然可以，你问吧。我可能并不知道答案，但如果你愿意，我们可以一起思考。"查理回答道。皮帕向他竖起了大拇指。

"我怎么……"法拉犹豫了一下，查理等待着。对方又陷入沉默，查理依旧默默地等着她开口。电话那头传来车流的噪声、远处醉汉的喊叫声、午夜的钟声。查理又等了一会儿，然后说：

"'你怎么'然后呢，法拉？你可以再说点儿什么吗？"然后他继续等待。

"我怎么……怎么……"她又说不下去了。皮帕指了指另一部电话。皮帕不知道这个问题是不是与自我伤害有关，如果是的话，规定要求两人一起工作，一个负责接电话，另一个做帮手，并在必要时马上打电话给他们的督导。查理点头表示同意，于是皮帕把她这边的电话听筒拿起来，以免有人打进来占用了线路。

电话的另一端，法拉抽泣着深吸了口气，说："我不能嫁给他！我不能这样做！可我该怎么告诉我的父母呢？我该怎么跟他们说呢？"

皮帕和查理对视了一眼，皮帕点了点头。查理说："哦，这听起来是个大问题，法拉。这就是你要讲的事情吗？"

又是一阵沉默。现在他们能听到法拉的呼吸声，还有像是走路的脚步声，车流声正慢慢减弱。皮帕注意到，自己的心脏也不像刚才那样怦怦直跳了。车流声总是让她感到害怕：曾有学生在车流湍急的道路旁绝望地打电话来，想要自杀。她担心这次可能是类似的情况，但法拉似乎正从车道边走开。

查理对着听筒说："不急，法拉，你觉得准备好了再告诉我。"法拉听起来气喘吁吁的。查理说："你好像走得很快。你觉得安全吗，法拉？"

"我在东门山，"法拉边喘边说道，"我很安全，我在回家的路上。我一直在外面散步，我想把思绪理清楚，但还是一团乱。"她停了下来，上气不接下气，查理还是等待着。确认法拉的情况是安全的，皮帕把听筒放回座机上，让新的电话可以打进来。她和查理一起，继续听着和法拉的通话。

"嗯，法拉，我感觉你那边的山坡很陡，"查理说，"你先好好喘口气，顺便听我确认一下你刚才跟我说的话，看我是不是理解对了，好吗？"他停顿了一下。法拉没有回应，听起来仍是气喘吁吁的。查理便继续说："你今晚出来散步是因为你脑子里有很多想法，你想把它们全部理清楚，对吗？"他停下来，让法拉有空档思考他的总结是否恰当。"对。"法拉说。但她也没再多说什么。"最让你烦恼的，是怎么告诉你父母你不想结婚这件事。我说的对吗？"查理说完并再次停下来等待。话筒里，脚步声停了下来。法拉说："我到家了，正在客厅里。我怕吵醒别人，所以只能悄悄地跟你说了。"

"好的，"查理说，"我很高兴你安全到家了。谁还在家里？"

"我的朋友们，"法拉说，"我的室友，我们几个人一起住，但她们不知道这件事。她们都很兴奋，因为我的父母给我找了个丈夫，可她们不明白这不是我想要的。她们都等着家人给自己介绍忠实善良的男人，但是我不想要。我也不知道该怎么办！"

皮帕的眼睛在她苍白的脸上睁得老大。这次轮班时间有点长，她非常疲惫，但这个电话太让人好奇了。听起来，法拉和她的室友来自同一个地方，但她似乎并不完全认同她们那儿的传统，她内心十分挣扎。查理保持着专注力。

"法拉，你是说你的父母为你安排了一桩婚事吗？"查理确认道。"是的，没错。对方挺好的，是很合适的对象。但是……"法拉又陷入沉默。查理等待着，过了一会儿，他说："嗯，听起来你有很多心事。"然后他继续等待着。

"我的家庭非常传统，"法拉说，"我的父母和姐姐都是包办婚姻，他们也都很幸福。我并不是不满意这个对象，也没觉得包办婚姻不好。"她又停了下来。

"我不是一个好女儿！"法拉突然说，电话那端传来她抽泣的声音。查理起先安静地听着，发现抽泣声一直持续着，他才说："谢谢你告诉我这些，法拉。我能听出你有多难受，你觉得自己不是一个好女儿。我一点儿也不急，你慢慢说。"皮帕又向他竖起大拇指。虽然查理可以问很多问题来搞清楚对方的状况，但现在还不是合适的时机。此时，法拉需要一个私密的空间来感受她自己强烈的情绪，她也需要有人陪着她。查理只说了几句很简单的话，这些话不会让法拉分心，因此她可以不受干扰地整理她的想法和情绪。同时，查理简洁的话语也让她知道，他仍然和她在一起。

"我还在。"他说。法拉不再抽泣了，呼吸逐渐平稳下来。"你要想的事有很多。"查理说。电话那头一阵沉默。"很多。"查理又说。法拉还是沉默，然后她终于开口，说："我以前从没讲过这些，我觉得自己好像背叛了他们。他们总说我是'难搞的女儿'。"说话声停了下来。

"难搞的女儿？"查理重复法拉的话，表明自己在持续关注她。电话那头传来一阵短促的笑声，是那种接受痛苦的事实和心碎的笑。"是的，很难搞，'太固执！太任性！'"法拉模仿着别人的声音，"'你就像个男孩一样！'"她这样指责自己，这些话她显然已经听了很多年。

"哦，是那样啊，"查理说，"听起来你今晚好像在想很多事。"他把对话保持在当下，不去问过去的困难。

"是啊，我想了很多。我让他们很失望，我不是个好女孩。他们觉得上大学会让我变好，但大学让我知道了我能过什么样的生活，一种与他们截然不同的生活方式。我是一名工程师，一名优秀的工程师；我获得了一等学位，而且已经找到了工作。但一个听话的好妻子怎么能做工程师呢？"法拉的声音慢慢变弱，她又陷入了思考。

她思考的时候，查理在精神上陪伴着她，只是简单地回应："嗯……是啊……这需要好好考虑。"

"谢谢你的倾听，"法拉说，"把这些话说出来，感觉很不一样，我意识到自己真的是个难搞的女儿。"

"法拉，你说出来之后，还有什么其他不同的感受吗？"查理问道，然后等她回答。"嗯……"她思考着，"嗯，其实，我想当工程师这件事说出来感觉相当合理。我在脑子里想的时候，感觉很出格，但现在我说出来了，似乎一点儿也不觉得震惊。"

皮帕的电话响了。查理关掉了扬声器，这样皮帕可以接听电话，他也能继续和法拉交谈。查理问了法拉一些具体的问题，她在电话中聊得更投入了。她告诉查理，她最想成为一名桥梁工程师，但又害怕让父母失望。而结婚这件事是个转折点，让她意识到自己想过更独立的生活，而且她有经济能力去实现这种生活。查理问法拉，有没有地方能给她提供既有益于她又顾及她文化背景的建议，指导她如何去跟父母沟通。法拉说她本来打算打电话给大学的伊斯兰协会，但他们已经下班了，所以她才会打给大学求助热线。明天她就去伊斯兰协会寻求指导，她确信他们以前也遇到过类似她这样的情况。

"谢谢你，"法拉说，"我连你叫什么名字都不知道，但我觉得你今晚是一个很棒的朋友。"

"不客气，法拉。我很高兴你打电话来。如果你想找人聊聊，我们每天都在这里，无论白天还是晚上。虽然不总是同一批人，但一直会有人在这里倾听。"电话挂断后，查理叹了口气，伸了个懒腰。现在是凌晨，他听到皮帕说："我可以听出，你非常担心你的猫！我很遗憾消防队帮不了你。你愿意再跟我说说发生了什么事吗？"他露出遗憾的微笑，向皮帕比了个杯子的手势，皮帕点点头。查理去烧水了，他们需要再喝些咖啡来撑过夜班，打起精神做好倾听学生的志愿服务。

查理让法拉能从头到尾仔细地思考她所处的困境，查理用体贴的沉默、简单的鼓励来表明他仍在听，用重复法拉的话来表明他对她一直保持着关注。他以这样的方式，鼓励法拉"把想法说出来"；他用问题和好奇心引导法拉继续讲她的故事，用总结来确认他的理解；他没有提任何建议，没有讲自己的观点，也没有对法拉的困境做任何评价；他给法拉保留了思考的空间，法拉自己决定了她下一步该做什么，还给自己提了她觉得有用的建议。查理运用了"积极倾听"的沟通技巧，让法拉感到安心，知道她说的话有人听到。

11

把话语的主导权交给对方

面对困难时，如果我们能自己找到解决方法，或知道自己能承受得住，我们就不会感到不知所措。直面困难，自己找到解决方法，能让人有掌控感；而且我们自己通常知道下一步该怎么做最好。如果别人把事情接过手去，即使他们替我们解决了问题，我们也会感到羞辱或失去对整件事的掌控感。认识到这一事实，我们就该重新思考，要怎么样去帮助别人面对他们的困难，又不至于让我们的"帮助"夺走他们的主导权。

在别人遇到困难的时候，对他们来说最大的帮助，就是我们陪在他们身边，让他们自己去找到解决问题的方法。这可能很难做到，所有父母应该都深有体会。要做到只陪伴，但不去帮对方做事，我们不仅要能承受风险、包容我们自己的焦虑，还要控制我们自己想去"解决"问题的冲动。因为我们把主导权交给了对方。

这样的做法需要智慧、勇气和爱。

爸爸的"蠢"问题帮我解决难题

我在做物理作业，边做边流泪。我把问题读了又读，都能背下来了。我琢磨了每一个条件，也想遍了哪个公式能把它解出来。但我每读一次题，感觉它问的都不一样。我很慌，觉得自己又笨又丢脸；我肯定过不了这次考试，进不了医学院了；我就应该选别的科目，学文科、写论文，走稳妥路线。

我爸爸却很有耐心。

"你给我解释一下气体膨胀的原理。"他邀请我作答。爸爸是科学家，所以精通这些知识。我希望他告诉我答案，让我心情好一点儿。在我很小的时候，我们经常一起跳舞：我站在他的鞋子上，握着他的手，咯咯地笑着让他带着我在房间里翩翩起舞。我现在也想这样，让爸爸去掌舵，我只做个快乐的乘客就好了。但他却在教我思考，坚持问我问题。我深深地叹了口气，叹出了青少年对家长不配合的无奈，然后解释了气体膨胀的原理。然而，这是最简单的部分。

"当一缸气体的体积变小会发生什么现象？"爸爸接着问。我很生气，我知道这些关于气体的知识！我要回答的是关于温度的问题，为什么他要问我体积？我怎么在考试中自己做这道题？我感到恐慌和愤怒，难过得喘不过气来，泪水再次涌出来。我一边抽泣，一边描述：体积缩小时压力就会增加，气体分子聚集在一起，相互碰撞会产生热量。

我并不是一瞬间就开了窍的，因为之前爸爸明明知道答案，却偏不告诉我，还问了一堆在我看来很蠢的问题，我当时生着闷气，所以隔了一会儿才反应过来自己提到了温度，尽管我们一开始讨论的是体积如何改变气缸中的压力。我刚刚答出了作业上的问题，而且不是我那不肯帮忙的讨厌爸爸帮我回答的，是我自己解答的。

你们发现他是怎么做的了吗？我当时并没有意识到，我只顾着修学分，做作业，通过考试。对不起，爸爸。

提供帮助的正确做法

当我们帮别人去"自己帮助自己"时，他们不一定会领情。如果我们做得够好，他们甚至可能认为，解决问题靠的全是他们自己。他们在与我们共舞时，发现自己的掌控力，这才是真正的成功：你给了他们需要的东西，动作轻盈，他们甚至都没察觉。我现在也努力用同样的方法对待我自己的孩子。这么做让我想起了我的父母，他们默默地辅助我，让我努力解决问题，然后听我告诉他们，我自己搞定了一切。我非常感激他们。

想要帮助别人的冲动是与生俱来的。人类是需要合作的物种，通过群体工作生存了几千年。一起工作可以节省时间、减轻成员的个人辛苦、节省精力，而且，我们利用团体成员的不同才能和综合力量，往往比个人努力能取得更多的成就。协作是一件好事。

协作需要合作者"相互认同"。每个人都参与了工作，每个人都能从结果中受益。但协作与帮助有着微妙的差别。如果我们提供帮助，对方也接受，那双方就是在相互认同的情况下协作；如果对方没有邀请或同意，我们却做一些事情解决了对方的困难，那双方就没有做到"相互认同"。我们只是在按照自己的意愿去提供"帮助"：想让对方高兴、减轻他们的痛苦、让他们保持没有烦扰的生活，从而减轻我们自己的痛苦。没有对方的同意，我们的帮助行为就是对他们自主权的侵犯。帮助别人让我们自己感觉良好，却会让对方感觉他们自己只是"做事的对象"而不是"一起做事的人"。

"做好事"就是指这种情况，我们大多数人都曾陷入过这样的误区。未经允许就去帮忙确实是解决问题的捷径，而我们误以为提供解决方案就是对他们的支持行为。**支持行为是我们先提出想帮忙，让对方考虑，他们有权利接受或拒绝我们的提议。**我们知道，要开启必须要聊但会让人不自在的谈话，正确的途径是邀请而不是硬跟对方聊；同理，想要真正支持对方，正确的行为是提出想帮忙的请求，而不是硬去帮忙。

当然，**有些时候，立即提供帮助是正确的做法。**比如，遇到在穿流的车道旁走失的儿童，我们要立即去救；看到有房子着火时，我们要立即打电话给消防队；在商店里看到有人晕倒，我们要立即上前帮助。在这种情况下，等着寻求对方同意所浪费的时间是无法挽回的。消防队一下子接到好几个电话，总好过每个看到火灾的人都觉得，他们不应该擅自干涉，可以眼看着房子烧毁。在大多数其他场合，不请求同意就上手帮忙，属于干涉他人的行为。而这种行为剥夺了"被帮助者"的主导权，尽管你出于好心，却帮了倒忙，只解决了表面问题，却冒犯了对方，或者伤害了对方的自尊。

提出自己想帮忙，再仔细倾听对方希望得到怎样的帮助，这样我们就能按对方的意愿支持他们。**我们放弃主导权，让他们控制我们要怎么帮忙，让他们建立主导权。**我们又回到了老话题：倾听，好奇心，了解我们做什么能让对方接受，进而帮他们自己解决问题。面对眼前的困难，我怎样才能和你一起，以最好的方式支持你？

我们陪伴在他们身边，与他们一起努力，而不是去替他们做什么。

护工埃伦诠释"与人同在"

埃伦是临终安养院的夜间护工，休息时间还在一家非营利组织做丧亲辅导志愿者。埃伦一生都在帮助别人，助人是她生命的意义所在。埃伦参加了我们组织的认知行为疗法"急救"课程。她在报名时遇到了一些困难，因为课程要求，参加者必须持有学位水平的健康或社会护理资格证，才能获得资助。她没有相应的资格证，但她的咨询经验丰富，参加培训的热情也非常高，所以我们想办法让她参加了培训。从课程的第一天开始，我们就明显感觉到，她是一名熟练的沟通者。

培训进行到一半时，学生们需要提交一份案例研究，讲述他们是如何将新技能付诸实践的。以下是埃伦的案例。

埃伦工作的临终安养院里，有一位患癌症的老人。埃伦叫他"吉姆"。吉姆没有家人，一直独自生活。他无法自理，因为他走路时，腿和背部都疼痛难耐。吉姆很重视自己的独立性，所以一直不愿意去安养院。等他到安养院时，他衣衫不整，身上有一股尿骚味，一想到他上厕所有困难，这一点也就不奇怪了。吉姆整天都躺在单人病房的床上，只有理疗师劝他时，他才到运动室去。那里有一台大电视直播足球赛，球赛分散了他的注意力，他才能忍着疼让自己的细腿伸展开来。

吉姆的头发乱糟糟的，胡子也长长了，乱七八糟的，上面还沾着食物残渣，但他不让任何人帮他清洗或刮胡子。他拒绝使用导尿管，还在费劲地用尿壶小便，尿液都洒在了床上和地板上。护工给他换上干净的睡衣时，他总是嗤之以鼻。埃伦说："你很难帮助他，很难喜欢他，也很难了解他。我们都不想去讨厌某个患者，但他就是那样，把所有人拒之千里。"

埃伦的案例研究是关于用提问的方式来了解对方的想法，认清对方希望得到怎样的支持。她说，吉姆的身体越来越差，需要用更多的止痛药，也越来越不想吃喝，他甚至不再去运动室看电视上的足球比赛了。一天晚上，他不停地按铃叫护士。每次护士过去，他都说他觉得很脏，想洗一洗。他们提出要帮他洗，他又都拒绝了。他们感到无助和气恼。"说实话，是有点儿生气。"埃伦承认道。

　　埃伦决定试一下她在培训课上新学的提问技巧。她走进吉姆的房间。此时已近午夜，所有夜间用药都已发放完毕，大多数患者都睡着了，所以埃伦有更多的时间坐下来和吉姆交谈。

　　"吉姆，你今晚似乎有些焦躁不安。你有什么困扰吗？"她问道。

　　"他沉默了很长时间，"埃伦和大家说，"我以为他不想理我，但我依然坐着不动。然后他说，'我这样不配。'他看起来很悲伤，让人心碎。"

　　"'吉姆，和我说说什么叫配呢？'我问他。他摸着胡子说，'脏，不配。'我不知道他是什么意思，问他怎么样才会觉得自己配，他说他得干净了才行。"

　　"'吉姆，你想刮刮胡子吗？洗一洗？'我问他。他说，'好，但我想自己刮。'我提出要给他拿一盆热水，但他抓住我的手，又甩开。他看起来很生气，喊着'不！我要去浴室！我要像个男人一样！'但我们都知道他身上太疼了，没办法走路，甚至都不太能坐起来。"

　　其他学员纷纷点头，喃喃自语。他们都了解这种情况，都遇到过难以帮助的人，都曾面对过患者渴望做的事和他们的身体状况之间有着巨大差距的状况。

　　埃伦继续讲她的故事："我去告诉专业的护士，我打算把吉姆推到浴室，让他自己刮胡子。他们不想让我这样做，他们怕他在浴室的瓷砖地上摔倒，那样很容易骨折。但我告诉他们，这对吉姆非常重要，尽管他解释不明白。护士又给他注射了一剂止痛药，让他能够完成所有的移动，他们还帮我把他放到了轮椅上。我把他推到浴室，帮助他上了厕所，然后把他推到洗手池边。每做一个动作，他都很痛，光是这样的移动就花了大概三十分钟。随后我给他放了满满一池热水，给他找了一把梳子、一把干净的剃刀和一些剃须膏。"

"'把东西给我，'他说，'让我自己来。'让这个情绪激动的人自己拿着一把锋利的剃刀，这让我非常不安。但很明显，他不打算让我给他刮胡子。我告诉他我会在门外等他，我还跟他说……"埃伦脸红了，声音颤抖着。教室里一片寂静，大家等待着她后面的话。"我还跟他说，我为他的男子气概感到骄傲。然后我叮嘱他一定要小心，因为如果他割伤自己，我会有麻烦的。"

"我很怕他会用剃须刀伤害自己。如果他这么做了，我很可能会丢了工作。但我看得出来，能自己一个人待在浴室对他来说很重要。"

"我等了半个小时。说实话，这是我人生中最漫长的半个小时。我想尽办法在门外偷看，因为他之前答应了我必须让门虚掩着才能让他独处的这个条件。我可以听到他的呼吸声、剃须刷在水中的唰唰声和剃须刀在他皮肤上刮过的声音。"

"终于，他喊了我的名字。我进去后看到的吉姆：头发向后梳着，脸颊上的胡子刮得干干净净的。他让我帮他把喉结附近的胡子刮完。然后我带他回到床边。"

"'我需要干净的睡衣。'他说。我去柜子里拿了几套，他挑了最喜欢的那套。我把他的床单都换了，护士们帮他躺回床上。我们都告诉他，他看起来有多帅。"她笑了笑，耸了耸肩，然后告诉我们，护士们帮他靠在枕头上躺好，他微笑着。埃伦出去帮他冲了一杯热巧克力。

"当我回到他的卧室时，很明显……嗯，他已经死了，不算意外吧？这就是为什么他要刮胡子、洗脸、穿上干净的睡衣。为了配得上他能感觉到即将到来的事，他知道自己快死了，他只有换洗干净了，才觉得自己准备好了。"

这一直是我听过的，关于真诚倾听、服务、"与人同在"而不是"替人做事"的故事里感染力数一数二的。

鼓励对方自己寻找解决办法

我们目前讨论的技巧和方法，都基于一个认识，即每个人都是自己问题的解决方案的最佳设计者。我们用倾听和提问的方式帮对方厘清和丰富他们的故事，让他们有新的理解，或者不去引导他们，让他们自主地讲自己的故事，我们只补充一些额外的信息。这两种帮助的方式，都是让对方主导自己的故事。

相反，只是应别人的要求解决他们的问题，我们却不给他们主导权，他们就无法获得未来解决类似问题的工具。过度帮助非但不能让他们更有能力，反而会让他们对我们产生依赖。如果他们总是站在我们的鞋子上随着我们的舞步移动，就学不会自己跳舞。我们要保持好彼此之间的空间，各自站好，这样我们才能一起跳舞，一起思考他们面对的困境或挑战，努力让他们自己主导怎么去解决问题。

当然，不是所有困难都能靠倾听和"把想法说出来"就能解决。有些情况需要人们用实际行动去"补救"，比如，一辆抛锚的面包车需要修车工动手维修，水管工要修补水管，医生要救治患者，学生要上面试技巧的课程提高沟通能力。有些情况则无法"补救"。有些困难，比如丧亲之痛、失望、沮丧、悲伤等情绪，人们只能自己去承受。在他人痛苦时陪伴在旁，不是为了让事情变好，而是让人在承受时不那么孤独。

不去解决问题，只是陪伴在侧，这样做的力量在于，我们能给对方留出空间，让他们反复思考眼前的困难，自己找到解决的方法。这让他们更有主导权，鼓励他们努力寻找解决方法，并在寻找的过程中感受到互相支持的力量。在黑暗之中握住迷失之人的手，比在安全的光线下呼喊指令，更能给人安慰。

LISTEN

12

倾听自我的心声

倾听并不总是为了听到他人的声音。最重要，或许也是人们最常忽视的，是我们自己内心的声音。我们什么时候才会停下来倾听自己呢？

我们内心的声音有许多种模式和情绪，它可能会指导或批评我们、赞美或指责我们，为我们加油或让我们泄气。与我们从他人那里听到的建议和意见不同，我们常常不加质疑地接受内心的声音，相信它的内容和评论是真实、公正和公平的。但真的是这样吗？

为了我们的幸福着想，要学会倾听内心的声音，与倾听他人的声音同样重要。我们需要倾听、理解自己，只有思虑周全，才能接受自己的建议。自我的心声能救我们于水火，也能把我们引入歧途。我们认为的事情并不一定是真的。我们必须学会倾听和质疑自己内心的声音，让它成为有益的指导者，而不是动摇自己的诋毁者或鲁莽的捣蛋精。

下面的故事展示了如何帮助他人注意到他们内心的想法，并质疑它们，而不是单纯地相信它们。我们可以帮助他人这样做，也可以用同样的方式帮助自己。

让克里斯蒂重新认识自己

克里斯蒂正在跟我介绍说唱音乐。他挥舞着手臂，粗大的金属戒指在他灵活的手指上闪闪发光。他兴奋地舞动着四肢，眼睛闪闪发光。他今年十七岁，正在选大学课程，但还总跟他妈妈在晚上几点回家的问题上讨价还价。世界在他面前展开，但是十分短暂——克里斯蒂不太可能活到他三十岁生日。我在一家临终安养院的门诊工作，第一次见到他时，他脸色苍白、消瘦、皮肤蜡黄，穿着宽松的格子衬衫和时髦的宽松长裤，裤子宽松到他在我的诊室里走来走去时必须一直提着腰带，不然短裤就会露出来一大截。

克里斯蒂是由当地医院的囊性纤维化治疗团队介绍来的。他在家里时，体重一直下降，还出现腹泻的症状，他变得越来越虚弱。他跟营养师坦白说，自己已经停止服用酶胶囊来代替胰腺丧失很久的消化功能，因为他认为一切看起来都"毫无意义"。精神科医生见过克里斯蒂，但觉得他并不符合抑郁症的标准。相反，让克里斯蒂难以承受的困扰似乎和其他同龄人的别无二致：向成年的过渡、考试和未来规划的压力、学校里的友情和敌意、父母的误解。

克里斯蒂说"毫无意义"其实并不代表他想死。他知道死亡一直伴随着他，他的几个病友已经死于囊性纤维化。他已经接受了这个事实：如果不在几年内做肺移植，他的预期寿命就会很短，而他学校的朋友们都做的长期职业规划对他来说根本无关紧要。如果你可能无法活到完成学位的那天，你为什么还要努力通过考试？如果没办法用你的收入来创建一个美好的未来，你为什么还要找工作？

但说唱是不同的。克里斯蒂跟我介绍着他最近的偶像，迪兹·雷斯科（Dizzee Rascal）。他的偶像也是个青少年。"他做音乐，他谈论真实的东西，他被刺伤了，进了医院，但他又重新振作起来了。他太了不起了！"小伙子兴奋地说，"但我妈讨厌他！"说完他就笑了。

"你妈妈这么讨厌你的偶像，你看起来倒很高兴。"我也朝他笑了笑。我大概和克里斯蒂妈妈的年纪相仿，我也不觉得自己会喜欢家里回荡着说唱音乐。但我不是来评判的，我是来询问的。"再跟我说说。"我邀请他。

克里斯蒂继续一边说话一边走来走去。"她对每件事都很小心，"他叹了口气，"她可以取个外号叫'小心'了。'小心，克里斯蒂。不要跳来跳去，克里斯蒂。你要去哪儿？你什么时候回来？还有谁在那儿？你吃药了吗？你做作业了吗？'"他用说唱的方式模仿他妈妈说的话。他说唱水平很好，我情不自禁地微笑起来。

"你有演出吗？"我问克里斯蒂。他告诉我，他会去当地一家俱乐部的开放麦，那里允许十六岁以上的青少年在成年人的陪同下入场。

"谁陪你去呢？"我边问边想着他处处小心的妈妈应该不会陪他去。他停顿了一下，考虑着，眼睛瞄向一旁，想着怎么跟我说。"我表哥。"他说。说完，他突然在为患者提供的扶手椅上坐了下来。他等着我问下一个问题，我却等着他继续说。他举止的变化让人吃惊，我感觉这里有故事。

在沉默中，他开始坐立不安，我等待着。他用口技打着节奏，我还是等待着。他说："嗯，他就像我的表哥。他其实是我妈的表弟，但他和我年龄更近。他还有混音台。"我一定看起来一脸茫然，因为他用"你真可怜"的眼神看着我，我叹了口气。我突然觉得自己像他的妈妈。"就是用来制作音乐的控制台，"他解释道，"他每星期有两个晚上在俱乐部工作，他也玩儿说唱。所以我们是音乐伙伴，他教我混音，我们用彼此写的词创作。"

"所以，他知道你为什么喜欢说唱，还带你去俱乐部。"我总结道。他点点头。"但是？"我挑起话头，打破了空气中的尴尬氛围。他接了下去："但是……好吧，他好像觉得自己是我的家长，总是教育我，让我对我妈好一点儿。有时他给我的感觉是'看，我们就像哥们儿一样'，然后突然他又像个老师，总是跟我讲规矩，让我这样那样。"

"所以你对他的感觉有点复杂？"我在确认我的理解，"有时他是你的好哥们儿，有时又更像家长？"他点点头。"他告诉你要对你妈妈好一点儿。"我重复了他的话，停顿下来，等他接着说。

"她一定很恨我。"克里斯蒂垂下头，将下巴抵在胸前。他情绪低落地坐在那里，细长的手指玩弄着手上松动的戒指。"我太混蛋了，我知道我毁了她的生活。"他沉默下来，叹了口气，抬头看着我，他过于苍白的脸色显得两只眼睛瞪得大大的、圆圆的。

"这话说得很严重，"我回应道，"你觉得她恨你，你觉得你毁了她的生活。这听起来很难办。"我想知道，是不是他那年轻而真诚的表哥这样说过他，还是他从其他地方听到的。但我等待着，这需要时间，急不得。这个诊室就是用来反思我们的想法，还有这些想法是如何影响我们的地方。

"你能跟我解释一下，你怎么毁了你妈妈的生活吗？"我问他。

"很明显，不是吗？"他答道，"我一出生就有这个破病。在我还是个婴儿的时候，又瘦又小，因为肚子疼一直哭。我没能正常发育。我爸离开了我妈，因为她把所有注意力都放在我身上。她只剩下我这个瘦弱又一直生病的孩子，不可能再生孩子，也没有自己的生活。如果我没有出生，这一切都不会发生。"

"是谁跟你这样说过吗？"我问他，"还是你自己想的？"

"她那么善良，肯定不会这么说的。但这就是事实，不是吗？一切都是我的错。"

"难道你是故意得这个病，让她的生活变得艰难的吗？"我问道。他皱着眉怒视着我，我想他的妈妈应该很熟悉这个表情。"哦，不是的，"他用讽刺的口吻说，"显然，这是遗传的，所以不是我选择的。"

"跟我说说遗传学怎么解释的。"我邀请他。他清晰完整地解释道：因为他继承了两个拷贝的隐性基因，这意味着他不是携带者（只有一个隐性基因），而是囊性纤维化患者。我问他怎么会有两个拷贝。他被我愚蠢的问题气得直翻白眼：当然是一个来自父亲，一个来自母亲。

我等了一会儿，然后复述他的话："父母各一个基因。所以，不是你自己让自己得病的。那是他们吗？"他抬起下巴，看着我的眼睛。他显然没想到谈话会是这个走向。他把皱紧的眉头放松下来，眼睛眯成一条缝，思考着。"嗯，不是。但是，有一点，我的意思是……"他支支吾吾，茫然地望着前方，思索着如何理清他的想法，"他们并不知道自己是携带者，所以这不是他们的错，尽管他们给了我那两个基因。"我点点头，等待着。他继续思考，然后说："我妈说如果她知道的话，还是会生下我，不会终止妊娠。她跟我说过。"由此可见，他们在家里谈过这个话题，这很好。

"你的意思是，你生病并不怪你的妈妈和爸爸，尽管是他们把基因遗传给你的？"我再次确认。他坚定地点点头，直视着我。我也随着他点了点头。"而且，尽管你认为如果你没有出生，你妈妈的生活会更好，但她已经告诉你，无论如何她都想要生下你？"他又点了点头，我看到他的眼角有一滴泪。

"来帮我想想，克里斯蒂，"我问他，"我有点卡住了。是谁说你毁了你妈妈的生活？你妈妈？你表哥？还是其他什么人？还是说这是你脑袋里的声音说的？"他用手背拂去眼泪，摇了摇头说："从来没有人说过，但我自己想明白了，我就是问题所在。"

"我们能不能再仔细看一下这个问题？"我问道。他抿着嘴唇，伤心地点点头。

"我想把你告诉我的一些事情写下来。"我一边解释，一边伸手去拿纸和笔。我把纸放在我们都能看到的地方，然后在纸的中间画了一条竖线，在左上方写下"想法"，在右上方写下"证据"。

"这一栏，是你在过去几分钟里说的你相信的一些事情，"我说道，"你说'迪兹·雷斯科太厉害了'，"我边讲边写，"你还说'我妈妈讨厌迪兹·雷斯科'。我不得不说，听起来你觉得那很好笑！"克里斯蒂看着那张纸，笑了一下。"而这一栏，我们用来列举能检验第一栏中说法的证据。你说了很多迪兹厉害的理由，现在挑一些说，我好写在这里。"他告诉我，迪兹在排行榜上排名很高，迪兹参与了帮派斗争，被刺伤后又康复了，康复后还出了新音乐。我把它们写在"证据"栏里。

"好的，现在轮到你妈妈讨厌迪兹的证据。"我笑了笑。他大笑着说："她跟我说'把那吵吵声关小点儿'，还有'你为什么不能喜欢好听的音乐呢？''那家伙就是个流氓！'"我把这些都写了下来。

"我们现在做的，是要确保'想法'与'证据'相符，看到了吗？"我给他看那张纸，"到目前为止，看起来都相符。对了，你还跟我说了什么呢？嗯，你说'我妈妈一定恨我。'"我在他的注视下写下这句话。"还有'我毁了我妈妈的生活。'还有'我太混蛋了。'还有'我得病不是我父母的错。'这样可以吗？我记得对吗？"

克里斯蒂紧皱着眉头，瞪着那张纸。他是个聪明的孩子，我可以看出他已经在想我们接下来可能会讨论什么了，那就是证据。我们从"我妈妈恨我"开始。

"我们需要证据，"我告诉他，"她亲口说过她恨你吗？她对你做过什么残忍的事吗？如果有的话，你可以告诉我。"他摇摇头，说："她经常责备我。""关于你这个人？还是关于你做的事情？"我问他。这个新问题的出现，让他又一次猛地抬起下巴。"不，她从不说我的坏话。当我的姨妈们抱怨她没有让我找个工作之类的话时，她会为我出头。但如果我太吵了，不好好吃药，或者错过了胸部理疗，她就会很生气。我以前从来没有想过这个问题，是我做了什么，或者没有做什么，让她生气。但不是因为我这个人。"他静静地思考着。我说道："你还告诉我她让你生气的原因是她太小心了，担心你在哪儿，你什么时候回家，你有没有好好照顾自己。我理解得对吗？"他点点头，出奇地认真地看着我。

"关于你妈妈恨你的这个说法，你的理由并不是很充分，"我说出了我的观察，"其实到目前为止，没有任何证据支持你的说法。为了公平起见，我要把这一页改一下。"我在"证据"一栏的中间又画了一条竖线，标出"支持"和"反对"这新的两列。

"你能给我个例子，任何残忍、无理或者充满怨恨的行为，能写在"支持"这一列，以证明'我妈妈恨我'这个想法吗？"我问他。他笑了起来，说："没有，还没抓到她！"他脸上的笑容绽开了花。我也朝他微笑着，把笔递给他，说："好了，现在轮到反对的证据。我想让你写下她不恨你的证据，写在这儿。"我指了指，然后他写道："她担心我、努力保护我的安全、忍受我制造的噪声、告诉姨妈们她为我感到骄傲、希望我能做肺部移植手术。"

"哇，看看这一长串。"我说，看着他搜罗出反对"妈妈讨厌我"这个想法的证据。"你是怎么知道这些证据的？"我问。"是我听到的，看到的。她不恨我，对吗？但我确实让她很伤心。"他看起来很沮丧。

"我得再确认一下：是你让她伤心的吗？还是你做的事，或说的事，或没做的事，让她伤心？"我还没问完这个问题，他就点起头来，双手因兴奋而颤抖起来。"是的！"他很高兴，也很激动，"不是我，是我做的事。我简直快把她逼疯了！但有时我不是故意的，有时……是的，有时我的确是故意的。我有的时候对她态度很差。"

"好吧，你现在是在说'我太混蛋了'的证据吗？想给我举一两个例子吗？"我问。他看了看那张纸，在"证据"一栏里写上"我对她态度很差；我经常在外面待很久，也不告诉她我在哪里，"他写道，"我不按时在饭前吃药，我说她是讨厌的人。"他列了些很好的证据。

"你有对她好的时候吗？"我问。他思考着，站了起来，又开始在房间里踱步。"也许我是个糟糕的人。"他说。"也许你是。"我表示同意，他看起来十分惊愕。"但没有证据，我是不会相信的。目前的这些证据，对大多数青少年的妈妈来说都是寻常事。你还有更坏的吗？"他摇摇头。"那你不惹麻烦的时候呢？"我问。

"嗯，上周，家里的洗衣粉用完了，我骑车去商店帮她买了。当时还下着雨呢！"他说，"我还在她生日的时候给她写了首说唱歌曲，她很喜欢。我总是，嗯，我发脾气之后通常都会道歉。"

"把它们写上。"我说。他停下脚步，坐了下来。"你还能想到其他例子吗？你什么时候努力去关心她，帮助她，或者对她很有耐心？"他在"下着雨"下划线，我意识到他在雨中骑着车去买洗衣粉，是多么贴心的一件事。他写上"我给她煮咖啡、我帮忙做家务"，后面还补充上"不太经常"。我真喜欢他这实诚劲儿。

"你现在怎么看？对她来说，你是不是真的很麻烦？"我问克里斯蒂。他看着那张纸，慢慢点了点头。"我可能是，"他说，"但有时候不是。""就像她可能担心过头了，但有时候也不是？"我问道，他更用力地点点头。"我们不是一成不变的，对吗？"他终于发现了。一个新的想法诞生了，他可以慢慢继续思考：我们是不是"一成不变"的。

"还有两条想法的证据要看，"我指出，"我们先看哪一个？'我毁了我妈妈的生活'，还是'我得病不是我父母的错'？"

"我已经想过'毁了她的生活'那条了。我没有，不是吗？她说她无论如何都会生下我。这是反对的证据（他写了上去）。而且不是我本人的问题，是我生病了这件事，而生病不是我的错（他写上'生病不是我的错'），爸爸离开我们是他的错（写上'爸爸决定离开，不是我的错'），而且她爱我。"他顿住，一滴眼泪掉在了纸上。他把脸上的泪痕擦掉，在"支持"一栏写上"她很孤独"，然后在"反对"一栏写上"她爱我"。

"现在，我希望你再看一遍这些想法，克里斯蒂，告诉我你有多相信它们。"他举起那张纸，双手紧紧握住它，仔细查看着我们的作品。

他看的时候很安静。

"我想知道你写完有什么感受。"我说。他笑着摇了摇头，好像在说"我也想知道"。他深吸了一口气，说"嗯，我还是认为迪兹很厉害，而我妈永远不会同意这一点。"我大声笑起来，同意他在这两方面都有证据。"其他的那些想法呢？"我追问道，"你能察觉到我没有说它们是'事实'吗？你觉得我为什么叫它们'想法'？"

"它们是你脑子里想的东西，对吗？"他缓慢地答道，语气中带着好奇，"你脑子里想着一些东西，你认为它们是真的。但其实都是垃圾！"他笑了起来，腼腆地松了一口气。

克里斯蒂能从我们的讨论和写在纸上的证据中得出这个结论，这非常好。不是所有我们相信的东西都是真的，然而当一个想法在我们脑海中闪过时，我们第一直觉就是感觉它好像是真的。有时它的确是真的，但很多时候，只要退一步看，我们就能发现这个想法并不是全部的事实。

克里斯蒂现在有可能跳到相反的极端，认为我们相信的东西都不是真的。但我们有很好的证据表明，他所想的一些事情至少有一部分是真的。我又指了指那张纸。"但这些并不全是垃圾，对吗？看看这上面，有些事情是真的；有一个想法，你完全没有支持的证据；有些想法有一部分是真的。所以，当你停下来考虑证据，就会发现心中的想法并不全面。现在，我想到你那个表哥。他有时是你的哥们儿，有时又跟你说一些你不喜欢听的事。这张清单里有什么东西会让他感到惊讶吗？"

"我想他会惊讶于我有多爱我妈。"克里斯蒂说道。他脸红了，声音又颤抖起来。"他知道我为了给她买东西而弄湿了头发，一定会大吃一惊。但是他说的有些事情是真的，不是吗？包括好的和坏的？我确实喜欢说唱，而且我很擅长，他也支持我。我对我妈的态度太差，他认为我应该对她好一些，我也的确应该那么做，"他停顿了一下，"我会的。"他坚定地说道。

"仔细想想，你觉得他给你的建议，是好还是不好呢？"我问他。他看着清单，好像上面写着答案。过了很久，他才很不情愿地说道："我觉得他是对的。他很好笑，脾气也好。也许他只是想帮我成为一个更好的人，因为他是我的生活中最接近父亲角色的人了，是一个值得我仰慕的人。"

"我可以把这个拿给他看。我想我们可以用'脑袋里想的事'写首说唱。"他从椅子上跳起来，露出灿烂的笑容，开始有节奏地在房间里踱步，唱着[①]：

———————————
① 我在此要向克里斯蒂表示歉意，他高超的即兴说唱里包含了这些想法，但远比我记下来的要精彩！

"只是你所认为的，不是必须相信的，还是要检验的，需要反复去测试的；质疑你自己，检验你自己，究竟是谎言还是真理？你能发誓那是真的吗？你的大脑会说谎话吧？所以质疑你自己，检验你自己，不要盲目地吞下那些废话，要有一点儿变化。你比你知道得更多，所以别觉得低落。你的思想是个陷阱，请你保持清醒，想法：这是真的吗？听明白了吗？我希望你这样做，你比你知道的更多！"

我每天都很喜欢这份工作。但有些日子，哇，像金子般闪耀。我在前文提到的那张让克里斯蒂写的表格，内容如表12-1所示。

表 12-1　克里斯蒂的想法

想法	证据	
迪兹·雷斯科很厉害	说唱很棒，节奏很酷，风格，被刺伤然后康复了，音乐榜单。	
妈妈讨厌迪兹·雷斯科	她说说唱是"吵吵声" 说唱不是好听的音乐；迪兹是个流氓	
	支持	反对
妈妈一定恨我		她担心我 努力保证我的安全 忍受我制造的噪声 告诉姨妈们她为我骄傲 希望我能做肺移植手术
我毁了妈妈的生活	她很孤独	无论如何都会生下我 得病不是我的错 爸爸决定离开我们—不是我的错 她爱我
我太混蛋了	我对她态度很差 我在外面待着，还不告诉她在哪 饭前不吃药 说她是臭婆娘	去帮她买东西，外面下着雨 我给她煮咖啡 生日说唱 我帮忙做家务（不太经常）

即使是经验丰富的倾听者，倾听他们自己内心的声音也是不容易的。我们观察他人时，所有收集信息的技巧，通常都集中于另一个人的话语、声音、肢

体语言上；或者他们的眼神和面部表情，他们说话的流畅性；还有他们的情绪是静止、恳切、流泪、还是颤抖的。我们可以将所有这些因素叠加，来理解另一个人要表达的意思。但我们如何觉察自己的需求和欲望？我们如何理解自己？我们怎样才能不带偏见地关注自己，就像我们想为他人做的那样？

无论对另一个人完全信任地敞开心扉有多难，对自己坦诚总是更难。评价总是伴随着自省：我们可能会强调自己的缺点，也可能忽略它们；我们可能沉浸在自己的天赋中，也可能看不到它们；我们可能会在某些方面对自己过分批判，却在其他方面给自己找借口。想要做到诚实地接受自己，接受我们的技能和天赋，也接受我们的无能和失败，确实不容易。我们甚至难以理解自己各个方面的复杂性，只是简单地给自己贴上只有正反面的标签："善良""雄心勃勃""脾气不好""幸运""被误解"。

学会倾听自己：需要练习和耐心。我们必须花时间，让自己去思考和反思，整理自己的经验，讲述自己的故事，并怀着好奇和疑问的态度去看待它。我们可以和朋友或知己交谈，也可以写日记；我们可以在公共交通上与陌生人交谈，跟他们讲我们的故事；我们也可以在户外散步或坐在舒服的座椅上小憩时，对着无尽苍穹，默念我们的故事。无论选择哪种方式，只有在讲述我们的故事时，关注其中的内容和缺失，用好奇心填补空白，以自爱之心不加评判地观察，我们才能真正地理解自己是谁。

以接受自我的态度倾听内心的声音，能够让我们认识自己，探索我们的过去，看到我们的潜力。每个人都是既有缺陷又熠熠生辉的个体；每个人都有能力反思自己的经历，借以成长和发展；每个人都有能力也应该给自己举一面明镜，不带偏见地看到我们巨大的潜力。

通过自我关怀保持复原力和健康

内心的声音是我们探索幸福感和健康程度的指南。当我们拿出时间、注意力和仁爱之心为他人服务时，自我关怀是至关重要的。无论是我们朋友圈子里的"知心听众"，是有困扰的亲人依靠的"支柱"，还是专业的关怀工作者，支持别人都需要我们付出精力和努力，既费时又累人。陪在深陷痛苦之人的身旁，会让我们感到悲伤和疲倦。因此我们同其他人一样，值得自我关怀。

想要身心健康，我们要有知足感。无论是身体健康、情感生活、与他人的关系，还是精神上或存在性相关的自我方面，我们达到"足够好"的程度就行了。生活中很少有完美的情况，所以我们每个人都应该衡量，对自己来说，什么是"足够好"。我们越追求完美，就越难达到自己的标准，也就越难保持身心健康。

身体健康：我们要善待自己的身体。想要身体健康，我们就需要足够的睡眠、足够的运动量和正确的饮食结构。你需要自己决定，对你来说什么是"足够健康"。有些人是马拉松运动员；而有些人因为膝盖得了关节炎，只要能走路穿过超市的停车场，就心满意足了。我们的身体需要定期维护和检查；需要预防性的保健措施，比如打疫苗、控制血压、体重管理和体检；当我们身体不舒服时，还需要及时就医、治疗、进行康复训练。

心理健康：我们要尊重自己的情绪和心理同等健康的权利。和身体健康一样，有些行为能促进心理健康。除了睡眠之外，我们还需要一些空闲时间来放松身心。比如正念冥想、在大自然中散步、侍花弄草、培养富有创造性的爱好、阅读、听音乐等。我们可能很难从繁忙的生活中挤出"专注自我的时间"，但它对我们的情绪能否"足够健康"至关重要。我们可能需要像睡觉和吃饭一样，在日常生活中安排一个固定的时间来放松，不然放松这件事，很容易被其他事情挤掉。

社交联系与健康息息相关。我们可能无法选择自己的家人或同事，但找到我们与他们之间的共同之处，有利于自己的健康。多花时间与朋友沟通，可以建立起我们与朋友之间的连接感。

精神或存在的健康：自我感和意义感是身心健康的重要部分。人生的意义对有些人来说，在于宗教信仰和实践；对有些人来说，是在大自然的奇迹中体会超凡境界，或在伟大的艺术面前领悟敬畏之心；还有些人努力为某项事业服务，以此来寻找他们人生的意义。这项事业可能关于政治信仰、正义问题、环境议题，或者支持某个慈善机构、某项社会运动。服务于某项事业，让他们感到，与比个体自我更伟大的事物相联系，更能获得目的感和意义感。

拥有明确的界限感并不是自私的行为，而是自我保护的手段。勇于说"不"是重要的自我关怀的体现。倾听自己的声音，注意满足自己的需求，与倾听和帮助他人同样重要。我们可能会需要从支持他人的过程中抽身出来缓一缓，这时如何帮他们找到另一个支持点呢？与其扛起所有的担子，去帮助困境中的亲人或朋友，我们不如帮他们建立一个支持网络。这样一来，我们既能够帮助他们，也能有人与我们一起分担。

对身心健康的"日常维护"，还包括寻求帮助和支持。如果我们在结束一场谈话后感到情绪被抽空，自我意识会促使我们花点时间来自我关怀。做什么最能让你恢复精力？我知道，有些人喜欢在新鲜的空气中散步五分钟；或者花几分钟时间只关注当下，专注于自己的呼吸；或者泡一杯茶或咖啡，泡茶的仪式感也能让人有治愈感；或者用手机听音乐。这些都是"心理健康急救"的方法，让我们能继续做当天的工作。

如果一场让人烦心的谈话给我们带来了持续困扰，那么我们就得采取更多的行动来应对。我们应该跟同事聊一下，或者，如果谈话是在社交场合进行的，那么就找个能支持你的人聊一下，但不要跟别人说你跟谁聊过。有些人发现，写反思日记很有用，因为能把痛苦"写下来"，去客观地看待它，让它从"我的痛苦"转化为"我看到的别人的痛苦"。保持客观性能帮助我们不去内化别人的痛苦。当然，当我们跟另一个人说自己的痛苦时，我们也希望能得到本书所倡导的温和关怀。

自我关怀让我们能够保持复原力和健康。为了大家的利益，我希望你能照顾好自己。让我们彼此承诺，要关怀自己，只有这样我们才能时刻准备好出现在需要的地方，帮助他人。

第 3 部分

如何跨越对话中的复杂情绪、分歧与冲突

LISTEN

有时，谈话的情况很复杂。也许是事情的走向不确定；也许是其中牵涉的人对应该怎么处理事情，各持己见；也许是有不好的消息需要和大家说，或有残酷的事实需要我们直面。

分歧、愤怒、焦虑和对实际困难的否认都会使谈话变得更加复杂。要跨越一条满是棘手情绪的河流，我们需要建立一座对话的桥梁，向它借助一些牢固的支撑点。

在谈话中出现分歧甚至冲突时，用心倾听、运用开放式问题和与对方齐心协力等这些基本技巧显得尤为重要。

在接下来的几章，我们将探讨更长时间的互动，每一章都将分别说明当真相令人难以接受、难以开口或不想听到时的复杂情况。当人们传达或接受不受欢迎的消息时，发现事情并非他们所想，这时，我们如何成为他们的强大后盾？下文，我们将通过相关故事，探讨如何在对方情绪激动时，保持冷静，妥善应对。例如：我们如何弥合分歧，如何在他人愤怒时仍陪伴在他们左右，以及当消息也令自己心碎不已时，我们又该如何倾听。

13

利用"门槛效应"，鼓足开口的勇气

有些时候，沟通让人感觉既重要又可怕。询问敏感的信息、传达不受欢迎的消息、提出意见分歧、结识新朋友、要求加薪、邀请喜欢的人约会，这些情况，每一个都需要在付诸行动前提前考虑和准备好，然而当该开口的那一刻到来，我们还是会打退堂鼓。自我怀疑、缺乏信心、对谈话走向顾虑重重、担心受到责备、害怕被拒绝或给他人造成痛苦，都会让我们错过时机。这就是所谓的"门槛效应"。因此，我们需要双重的技巧和勇气，一重用来推进对话，另一重用来明辨何时以及如何开启对话。

面对任何可能引爆他人情绪的对话，我们都会心生抵触。有时候，幸运之神降临，某个朋友会先开口，或者有人会问一个可以打开话头的问题。然而通常情况下，如果我们不主动开口，就会错失开口的良机。

没人想制造痛苦，只是一旦跨过"门槛"，就不能回头。我非常理解为什么有人会错过开口的时机。

"我快死了吗，医生？"

她问我。那是一个春天的星期日下午，问话的她是我刚刚见到的患者。在我为她做检查、抽血、打点滴的过程中，她疲惫不堪、昏昏欲睡，几乎没有跟我清楚地说过一个字。她的血液生化检查结果非常糟糕，晚期乳腺癌导致她血钙浓度过高，随时有昏迷和死亡的风险。她独自一人躺在整洁的病房里，而她的丈夫为了照顾年幼的女儿们，已经回家。在白色床单和绿色被罩的映衬下，她的面色显得枯槁而苍白。作为癌症中心的值班医生，我在科室里资历最浅。这是我第一次见到这位患者，我给她打了一个吊瓶，滴注解决血钙问题的速效药，但可能为时已晚。

"我快死了吗，医生？"她重复道。她的嘴唇过于干燥，一开口就"噼"地裂开了。我感到慌乱失措，因为我以前从未被问过这个问题。也许有人这么问过我，只是问得没有这么直白。一时间，我无言以对。她的确病得很重，有可能病逝，但也有可能会挺过去。我心想：回答这个问题不是我的职责，她应该等到明天，和她的治疗团队面谈。

"当然不是！"我听到自己说，声音又高又尖。我赶忙收起我的工具箱，冲出房间。是的，我逃跑了。

到了星期一早上，她已经病逝。她没来得及和她的丈夫说再见；她没能最后再抱抱她的女儿们；她问我的事实，我觉得太苦涩而无法承认，所以对她撒了谎。我可能永远无法从愧对她的阴影中走出来。自然，这件事我没有告诉任何人。

三十多年过去了，那种羞愧和内疚的感觉依旧如故。她的丈夫现在应该退休了，她的女儿们可能也都有了自己的孩子。我从他们那里偷走的时间，永远无法挽回。我不知道他们的生活受到了什么影响，但我知道我的生活因此发生了改变。

我已经学会了说那个字。它像我含在嘴中的一颗巨大的药丸，我把它在齿间翻来滚去；它太大，大到我无法口齿清晰地表达，大到无法吐出，大到难以吞咽；我咀嚼过它，品尝过它，终于将它缩小到可以掌控的大小："死。""垂死。""死亡。"怎么样？我能说出口了，因为谈论死亡并不会引发死亡，但不谈论死亡，却会剥夺我们宝贵的选择权和无法重来的时光。

感到畏惧时有用的表达

我专门从事姑息治疗，我与患者进行过成千上万次坦诚的临终谈话。我向人们解释死亡的过程，当人们知道会发生什么时，他们会意识到死亡并不残暴，因此获得慰藉。我冷静清晰地回答了很多问题。我目睹了很多人离开，已不再惧怕死亡。遇到关于死亡的难题时，我的声音不再紧张得又高又尖，因为谈论死亡是安全的，而且是至关重要的。同样重要的是，我们不仅要在医疗环境中谈论死亡，也要在家人和朋友中谈，我们还要找到适当的表达，借以跨越这个禁忌话题的门槛 [1]。

无论我们讨论何种话题，在门槛前的焦虑都是对"不足"的恐惧——恐惧自己没有足够的信心、经验、时间、资历、知识来回答可能提出的问题。然而，我们必须要走到门槛前，迈出跨越门槛的那一步。没有人能知道所有的答案，没有人经验丰富到能处理各种场合的全部问题。有几句重要的话，值得我们学习，它们能让开启谈话的门槛显得没那么可怕。

---

[1] 这个故事首次发表于 2019 年，是玛丽·居里癌症护理组织博客文章的一部分。全文见 https://www.mariecurie.org.uk/blog/marbles—in—my—mouth—using—the—d—words/225028。

当我们发现自己已经跨过门槛，并意识到自己对谈话的内容感到畏惧或准备不足时，我们可以酌情采用下面这几句很有用的表达。

"我不知道。" 有时，这就是问题的全部答案；有时，你也可以说"我不太确定，但我会努力帮你找到答案"。能够坦诚地说"我不知道"，让我们不再畏惧别人会发现自己的有所不知。因为不知是人生的常态。意识到自己不需要知道一切，会让你如释重负；能够谦卑地承认自己不知道，是一种美德。我们都一样，都会有不知道的事。

"我很抱歉" 这个表述有多个含义。因此，人们在使用这个说法时也越来越谨慎。

"我很抱歉"的一个含义是"我感到悲伤"。它是一种人与人之间的同情，表示人们愿意与对方一起承受他们的悲伤。如果你的狗死了，或你被公司裁员了，或你的孙子生病了，我都可能会深感悲伤。这是一种善意的、发自内心的对他人痛苦的理解。

"我很抱歉"的另一个常见含义是"我忏悔"。这代表人们承认错误并认为应该为之道歉。我可能会为自己、团队或家人所犯的错误而道歉，为我责任之内的事情而道歉，或者为我的猫打破了你的装饰品而道歉。道歉是减轻伤害的第一步。

道歉之难，在于它也是承担罪责的声明。如果你是我的朋友，我知道你有多爱你的狗，但我不小心开车撞了你的狗，那么我说"我很抱歉"，就意味着"我和你一样悲伤"以及"我为让你悲伤而道歉"。如果我撞的是陌生人的狗，那么，虽然道歉仍然会有这两种意思，但因为我和对方非亲非故，加之事发突然，我的罪责会比悲伤更突出；即便是因为狗乱跑导致事故的发生，虽然我的罪责很轻，但罪责还是比悲伤更突出。

在医疗实践中，我看到有的人会避免道歉，因为担心对方将他们的道歉当作认罪认责，去提出法律诉讼，尽管他们并没有做错任何事。但是如果不真诚地表达自己为对方的痛苦感到悲伤，就无法迈出减轻伤害的第一步，伤害就会因无法跨越开启对话的门槛而加重。比如，医护团队自己抱作一团，不与患者和家属讨论发生的事情；医院或诊所对患者及其家属的回应只是辩解，而不去表达对他们所经历伤痛的理解。相比于急着自我辩解，以下回应更有助于开启有效的沟通：身为医生，说"我很抱歉，这一切让你如此难过。我现在能做些什么来帮助你处理这件事呢？"；作为医疗机构，指定人员发送信件说"我们知道这让您很难过，我们为所发生的事感到抱歉。我们希望帮助您恢复健康或帮您理解发生了什么事。我们会另外写信，告诉您我们将如何对您所关心的问题展开调查。此次联络，主要是想告诉您，我们对您遭受这样的痛苦深感抱歉。"并且确保患者及其家属能联系到寄信人。总而言之，此处表达"我感到悲伤"更重要。

"我不知道该说什么。"这句话在我们无言以对时很实用。这句话与"我可能需要缓一缓才能说话"的意思相近，都适用于因为焦虑、愤怒、悲伤、惊讶等情绪而特别激动、无法冷静思考和说话的情况。承认自己的情绪，说"我太震惊了，现在没法评价这事""我太伤心了，现在没法谈论这事""我太生气了，现在没法思考这事"，就是表达，虽然我们之前一直专注于和对方沟通，但现在我们可能需要暂停，认真思考一下再继续聊的意思。

那么，如果你决定推自己一把，跨越开启对话的门槛，需要你怎么做呢？如果我们站在一场对话之前，焦虑而不知所措，可以先简单提一句，声明自己要跨过门槛了。这种声明的话语，意思归根结底都是"我有非常重要的事情要说／问"。你可以说"我们谈的这件事可能会让你情绪激动""这个消息对你来说可能比较难接受""我知道你可能不想聊这个事""有一个意外的消息要和你说""有几个比较难的问题，希望你可以诚实地回答"，这些话语都说明了我们即将跨过门槛、进入高风险的谈话。

表明自己要跨越门槛，也让我们得以确认对方明白，一场重要的谈话即将开始；还要确认有合适的支持者陪伴他们。以这种方式帮对方做好准备，让他们参与谈话的推进，这种做法，适用于与家人或朋友分享重大消息，无论这个消息是好是坏；告知患者或家属一个不好的诊断结果；与别人讨论性健康或心理健康，无论是关于他们的还是我们自己的；或者提出关于暴力或虐待这样令人不适的话题。

迈拉的临终疑问

三十年前，从医不久、缺乏经验、惊慌失措的我，从艰难对话的门槛前逃跑了。我会给当时的自己什么建议呢？我希望能回到过去，告诉年轻的自己几件事。

相信你自己。你不需要知道答案，倾听就可以了。

"我是不是快死了，医生？"

当病人问这句话时，放下你手头的事情，坐下来，坐到椅子上、床上、地板上，都可以，这是你倾听这位患者的唯一机会。请她重复自己的问题，确定她想问什么，并确认你没有听错。

"我快死了吗，医生？"她重复道。她的嘴唇过于干燥，一开口就"噼"一声裂开了。我感到慌乱失措，因为我以前从未被问过这个问题。或者其实有人这么问过我，只是问得没有这么直白。

她已经问了两次，她想知道答案；她和丈夫都还年轻，女儿还年幼。你知道她可能因为血钙过高而失去意识，她可能希望有机会见见她的家人；相信你自己能和她一起跨过这个门槛，你并不孤单。她就在你面前，向你问着问题；她不仅仅是你的患者，她更是一个人。病房里有几位聪明善良的护士，还有一名更资深的实习生和一位主任医师在值班，你有后盾。

一时间，我无言以对。她的确病得很重，有可能病逝，但也有可能会挺过去。我心想：回答这个问题不是我的职责，她应该等到明天，和她的治疗团队谈。

回答这个问题是你的职责。今天，你是她的医生。她已经问过你了，而且问了两次。你知道她的情况多么危险，明天回答她可能就太晚了。坐在这儿，告诉她实话，尽全力就行，说：你不知道答案，但你会努力帮助她获得问题的答案。

先提一个问题。帮她理清到她目前为止的情况。这个问题可能会让她认识到自己的身体变得有多差，同时也算开始回答她的问题了。

"我的名字是凯瑟琳，我是这个周末值班的实习医生。你希望我怎么称呼你？"

我们就叫她迈拉吧。

"迈拉，这是我第一次见到你，我只快速地看过一眼你的病历。能告诉我你过去几周的情况如何吗？"

她告诉你，她有多么疲倦，要保持清醒有多么困难；因为她太疲倦了，无法照顾放学后的女儿们，所以她的母亲搬来他们家住了；在过去的三个星期里，她基本都卧床不起；因为身体状况不行，她最近的一次化疗取消了；她现在很担心自己不能继续做化疗了：当她说这些的时候，你要专心倾听。

把她刚才告诉你的内容跟她重复一次，确保你理解了：她很疲倦，基本卧床不起，身体条件不允许她继续化疗；她的女儿们还年幼，她的母亲来帮忙照顾。现在，问她今天最担心的是什么。

认真倾听：她告诉你，她认为自己快要死了，她开始哭；她的嘴唇太干了，所以她说话很吃力；帮她喝点水；告诉她，等她问完所有问题，你就给她拿些冰块；尽管你确实有着急的事，但仍要告诉她你并不着急；递给她一张纸巾，继续倾听。

回答问题：血钙过高是癌症发展的一个标志，有些患者会在这个阶段病得很重，甚至病逝；清楚地使用这些词，暂停一会儿，让她好好消化这些信息；再帮她喝一口水，不要催促她；你已经跨过门槛，进入谈话了。你要继续提问，以此了解她想知道什么，然后回答她提出的问题。

你问她，她的女儿们多大了？她告诉你，她们分别十岁和七岁了，还有她们的名字；你问她，女儿们知道她的病有多严重吗？"不，我们不想吓到她们。"；你问她，她最后一次见到她们是什么时候？"上个星期，在我进医院之前。这个病房不允许孩子来探访。"

你知道护士长有酌情权能让她的孩子进病房。于是你又问她，是否愿意让她的女儿、丈夫和母亲来探望；告诉她，血钙过高会让人非常困倦，虽然你给她开了药，但你不知道效果会如何；如果她想清醒着见见他们，紧紧拥抱他们，那么她今天就应该这样做；帮她再多喝一点儿水；告诉她，你很抱歉要告诉她这样不好的消息。你确实很抱歉，所以你可以这么说。

但记住，坏消息并不是你的错。

这个坏消息与她有关，是她所处的情况。你只是在描述它，不是你让它发生的，事情也不会因为你回答了她的问题而变得更糟。你是把她当作一个自主的人，给她选择权。诚然，答案很可能让她感到痛苦，但也许她已经猜到了答案，现在只是想寻求你的陪伴和安慰。也许对她来说，想要知道真相比回避痛苦更重要。你告诉她真相后，就可以开始支持她应对这个问题。

听听你自己的声音。一开始它是尖细的高音，但现在，当你跨过对话的门槛，就能像年轻女性之间正常交流的那样同迈拉说话，你的声音也变得温和亲切。留意你所感到的悲伤，你悲伤是因为你理解了她的悲伤；但她的悲伤属于她自己，你不能替她受苦，否则你会过早地消耗掉自己的情绪。对她的情况要有仁爱之心，但不要问自己，如果她是你的姐妹、朋友或者你自己，你会是什么样的心情；你总会有要面对自己悲伤的时候，先别急着去提前感受。

但你可以在她痛苦时陪伴着她，之后再去护士长的办公室里哭一下；护士长会告诉你，所有医生都在她办公室里哭过，所以哭泣并不丢人，你已经做得很好了。迈拉的孩子和丈夫来到医院，会有护士陪同他们去病房探视。主任护士会让你去检查一下其他患者的输液情况，然后就回家；她会告诉你，对于一名年轻医生来说，这个周末已经很辛苦了，你会感谢她的好意。

第二天，你会得知，迈拉前一晚在她的女儿、母亲和丈夫来访后去世了；她的母亲会先带着两个孩子回家，而当她停止呼吸时，她的丈夫会守在她身边。你会意识到，我们可以谈论死亡。

如果可以，我会回到过去帮助你。

但已经发生的事无法改变，你也因此知道，如果错过机会、没有跨过门槛，会给你带来怎样的遗憾。你从错过的机会中，获得了不同的智慧，指引你走上另一条道路；你反思自己为何没能跨越艰难谈话的门槛，并利用思考所得帮助了许多其他家庭；但你永远无法纠正那天的错误，永远都会感到"抱歉"，在这句"抱歉"里，既有悲伤，也有忏悔。

　　我们从充满错误的荆棘中艰难地走向智慧。现在，让我们系好鞋带，继续前行吧！

14

控制沟通中的愤怒情绪

愤怒源自没有被满足的期望，它是由正在发生的事情和人们认为应该发生的事情之间的落差所产生的惊恐反应。人们所感知到的公平缺失，或对规则的破坏，无论是公开的还是在暗地里，这些都能引起人们的愤怒。在讨论时，若一方或双方感到愤怒，谈话会很难推进，而愤怒会使谈话变成对抗。当在场有人愤怒时，我们如何才能尽量顺利地推进讨论呢？

怒火中烧的鲁克一家

我坐在医院老楼的一个房间里，房间的墙面上镶着橡木板。这栋楼是维多利亚时代的建筑，楼下是草坪和花园。窗户是开着的，好让房间里通风。正值春季，一只蜜蜂嗡嗡地穿过房间，从另一扇窗户飞向外面一棵馥郁的玉兰树树梢。房间里还坐着投诉部门的经理伊妮德和一位退休的知名外科教授。我们准备接见一位患者的家属，该患者在我们医院去世，家属们十分不满。

我们零散地坐在一张抛光的大会议桌周围，桌上有一只水壶和许多玻璃杯、一盒纸巾和一台带有灰色麦克的录音机。空气里弥漫着沉思的静谧，仿佛暴风雨来临前的平静。

普莱斯教授在医院里担任高级外科医生多年，当我还是医科学生时，他教过我，我当时觉得他很可怕。退休后，他开始从事解决冲突的工作。作为医院临终护理部门的负责人，我在看他工作时，学到了很多。我曾经害怕的那个脾气火爆的年轻外科医生，经过生活和工作的历练，已经变成一位充满智慧的长者。让他转变的，不是他光辉的事业，而是他所经历的挑战、丧亲之痛和个人损失。他的热情转变为耐心，他曾经令人闻风丧胆的脾气也变好了，只有在面对不公平事件时，他的心中才会燃起愤怒的火花。当他与关于护理问题的投诉者交谈时，他认同和理解对方想获得公平的权利，这让投诉者备感放松。他可以忍受别人的愤怒，认可对方感受愤怒的权利；但同样，他也不允许任何人毫无依据地指责医院工作人员为患者提供优质服务的意图。他本人，就是礼貌倾听、宽厚共情和公平规则的化身。

伊妮德给我们准备了成捆的纸质资料，其中包括病历记录的副本、护理记录、药单、家属来信和来自医院专家团队的回复。这一切令人难过地熟悉：一位受家人爱戴的老人，因为一些看似平常的问题被送进医院；经医生诊断后，发现他的病情比大家之前意识到的明显要严重得多；手术过程虽然很顺利，但他的基础健康却不断恶化，老人没等回家就去世了。老人的家人认为，既然他在入院时"情况并不差"，那么后来他的病情恶化和死亡一定是某人的过错，医院没有说实话；此外，在老人去世的前一天晚上，他变得浑浑噩噩，拼了命地给家里打了电话，说工作人员威胁他要杀他。他的家属因此感到震惊、困惑、愤怒，这是可以理解的。

医院做了广泛调查，确定了老人病情急转直下的原因。调查表明，为了不让家人担心，他没有跟家人透露任何坏消息，但当他衰竭的肾脏最终停止工作时，血液中的毒素积累让他变得思维混乱。在混乱中，他感觉到死亡即将降临，忘记了自己曾禁止工作人员告诉家人任何关于他病情的坏消息，所以他才会打电话回家求助；那段时间，他该多么害怕啊，独自一人在医院里，感觉到莫名的厄运即将来临；对他的妻子来说，接到这通电话时该多么震惊啊，于是在她接到电话后的几分钟内便打车赶到了医院；对于这个家庭来说，这个消息该多么难以接受啊，因为他们之前完全不知道他病得有多严重，所以怎么能一下子理解他行将就木的事实？难怪他们把他的死归咎于医院。

我也意识到，他们的愤怒令丧亲之痛变得扭曲而复杂。他们无法认清，自己的亲人在住院期间所发生的事，前因后果究竟如何。于是他们被困在悲痛之中，认为他的死亡是可以避免的，是由于医院的失职和护理不当造成的。这就像一个化脓的伤口，在他们愤怒的原因得到化解之前，伤口永远无法开始愈合，如果还有可能愈合的话。

为了准备这次会议，我把所有的资料读了又读，在一张纸上画出整件事的思维导图。鲁克先生八十多岁了，是已经退休的肉店老板。我知道他的店，现在由他的儿子经营。据了解，鲁克先生有呼吸问题，还有关节炎，所以他行走不便；他还患有前列腺增生，虽然这在老年男性中并不罕见，但他的增生已经开始阻塞他的膀胱，由于不愿意忍受导尿管，他想来医院做一个简单的麻醉手术，切除部分前列腺，让尿液重新流动。

住院后，鲁克先生的血常规检查显示，因尿液堵塞造成的肾脏损伤已经相当严重，但他不让治疗团队告诉他的家人。负责他手术的麻醉师，对鲁克先生的肺部问题、心脏衰老和肾脏损伤的组合基础病感到担忧。麻醉师与他的谈话留有记录，麻醉师警告他，前列腺手术有小部分可能会出现一些并发症：心脏病发作、膀胱出血、呼吸困难、感染。她指出："他接受了这些风险，但仍不想让家人担心。"

从记录中可以看出，鲁克先生的手术非常顺利，尽管血液检查显示他的肾脏进一步衰弱，使他在术后的第二天变得很困倦。鲁克太太当天下午来探望了他，认为他的困倦是由手术所需的药物引起的。她告诉护士，她丈夫不想用导尿管，而护士解释说，导尿管目前能帮助他们监测鲁克先生衰弱的肾脏功能。护士们担心的是，鲁克太太似乎并没有明白尿量少的含义，它代表鲁克先生的肾脏没有恢复。所有这些对话都有记录。

第二天，鲁克先生更加昏昏欲睡，还有些气短和神志不清。血液检查显示，他的肾脏功能越来越差。

在探访时，护理记录写着："鲁克太太看到她的丈夫如此嗜睡，感到很不安。鲁克先生禁止治疗团队向他的家人提供自己的医疗信息。主管护士解释说，前列腺的压迫已经给鲁克先生的肾脏造成损害，这可能需要时间来恢复。"

当天晚上，鲁克先生变得焦躁不安，还拔掉了他的导尿管。凌晨三点，他用手机给妻子打电话，告诉她医院的工作人员想杀他。他的家属很快就赶来了，温和的伊朗裔实习医生沙阿博士解释说，肾衰竭导致鲁克先生神志不清、昏昏欲睡。沙阿博士告诉家属，鲁克先生的情况越来越差，而且他现在病情严重，可能会病逝。鲁克先生的家人抗议说，鲁克先生的肾脏从来没有问题，他只是前列腺出了问题。他们指责沙阿医生说谎，掩盖了一些事情。他们要求见更高级别的医生。

第二天，鲁克先生的家人围在他身边，痛苦而难以置信地看着他的病情继续恶化。他太虚弱了，无法做血液透析，他的肾脏已经完全停止工作。当天晚上他就去世了，他的妻子就在他的床边。她激动地跟沙阿医生谈过话后，就一直坐在那儿。

一声巨响，房间厚重的橡木门在窗口微风的吹拂下砰地关上，原来是鲁克先生的主治医生麦克斯来了。他穿着西装，打着领带，不像平时，一直罩在外科手术服里。他拿着伊妮德提供的那沓文件，看起来很焦虑。

"他们说了一些非常难听的话，"麦克斯说道，他把文件放在桌子上，给自己倒了一杯水，"我的实习生们非常苦恼，沙阿医生也心烦意乱。她以前从没被人投诉过。"他坐下来，看着教授。"好吧，头儿，您怎么说？"麦克斯问道，我这才意识到普莱斯教授应该也在麦克斯刚做医生时带过他。

"放松点儿，麦克斯，"教授说，"你的实习生们没什么好害怕的。但是我会让对方家属来讲述全部情况，他们可能会说一些指责的话。最重要的是，不要打断他们，要让他们感受到我们听到他们说的话了。不管今天还有谁伤心焦虑，事实是，他们失去了亲人。调查表明没人有错，但患者是在我们医院去世的，愤怒也是他们悲痛情绪的一部分。所以麦克斯，"教授严肃地看着他，"我会给你机会说话，但需要你控制情绪，不要生气。你明白我的意思吗？"

麦克斯笑了，他的心情放松了下来。好的老师对自己的学生就像家长一样有保护欲。教授与麦克斯曾经就是这种关系，现在麦克斯与沙阿博士也是这种关系。麦克斯竖起"羽毛"，要保护他的学生。教授刚才的话很重要：如果我们感到愤怒或戒备，就很难以仁爱之心待人。教授努力地让这场谈话保持平衡：今天，作为医院的代表，我们必须以对这个家庭的仁爱关怀为中心；我们要帮助他们了解他们心爱的亲人发生了什么；如果我们有过失或错误，就必须以谦卑和悲伤的态度去承担；我们可能需要向对方解释，但我们不会辩解——我们来这里是为了倾听。

麦克斯简单重述了大家都看到过的事情经过；他回答了我们的问题，让我们清楚地了解了所有细节。麦克斯和我经常一起工作，经他负责的老年前列腺癌患者能够舒适地活动，不受症状困扰。他很年轻，是一位热情的外科医生，对这些老人像儿子对父亲一样温柔。他就像老年学教授一样，懂得和老人打交道，且富有激情。但要是手术计划书迟交或者护理标准达不到他的要求，他的激情就会演变成愤怒。

走廊上响起了的钟声。鲁克一家预约的时间到了，伊妮德安静地打开大门，把他们迎了进来。鲁克太太身材矮小，脸色苍白；她拄着拐杖，走得小心翼翼。鲁克太太的两个儿子在她的身边，他们看起来与我年龄相仿，我曾在他们家的肉店里见过其中一个。教授向他们表示欢迎，然后我们一起坐了下来。

教授询问他们是否同意录音，他们表示同意，教授便按下录音按钮。他在做这件事时总是带着一丝夸张的戏剧性，我低头看着膝盖以掩饰笑意。在这个紧张的会议中，任何愉悦的神情都可能引起误解。

"我想你们认识麦克斯·罗斯先生，他是我们的主任外科医师，也是鲁克先生在医院治疗时的主治医生。"教授开口道。鲁克太太哼了一声，她的儿子们向麦克斯点了点头。麦克斯说："很高兴再次见到你们。"鲁克太太却嘟囔着说："我可不是个傻子。"我感觉这次会议会进行得很艰难。

"你们应该不认识凯瑟琳·曼尼克斯医生，她是我们医院临终护理部门的负责人，"教授说，"她仔细研究了我们的调查报告，并查看了所发生的事情中有哪些需要我们注意的地方。"

"我是埃里克·普莱斯教授。我曾是这家医院的外科医生，现在作为院长的代表，参加这次的会面。非常欢迎你们的到来。我知道这种情况对你们来说都很悲伤，我很感谢你们今天愿意花时间来见我们。"

"伊妮德会做笔记，稍后她会把笔记的副本发给这里的每一个人。录音只是为了帮助她完成笔记工作。你们同意吗？"大家都点了点头，伴随着一小阵低语声。我想知道，他为什么没有介绍伊妮德的姓氏或工作头衔。我心中迸发了一丝姐妹情谊的火花，因为我也经常在被介绍时受到和男同事不同的待遇。

"人人都有相等的声望"①，我在脑子里改编了莎士比亚的话。

"现在，你们愿意自我介绍一下吗？"教授问道。我认识的那个儿子开口了。

"我是乔治·鲁克，罗伯特·鲁克的儿子，我爸爸是你们医院的患者。"他说，"这位是我的弟弟保罗，他是药剂师。在我们努力弄清这一切的过程中，他一直在给我们解释相关的医疗信息。"

"这位是我们的妈妈，罗伯特的妻子。"

"鲁克太太、乔治、保罗，首先我想表达的是，你们的丈夫和父亲在我们医院去世，我们感到非常抱歉，"教授说，"我知道这对你们来说是非常艰难的时刻，我们向你们表示最诚挚的慰问。我也代表医院院长表示哀悼，他要求我亲自汇报对鲁克先生死亡的调查情况。"

鲁克一家人没有给出任何反应。房间里一片沉默。

"我想先请你们说说你们最关切的问题是什么。我们都读过你们的投诉信，还有你们针对调查结果的回信。但是今天，让我们谈一谈、倾听彼此，我们会努力解答你们的问题，看看是否有我们可以做得不一样的地方（我注意到他用的是'可以'而不是'应该'），或者是否有什么事情是完全错误的。"

鲁克太太隔着我看向我对面的麦克斯。"你们的工作人员没治好我丈夫，"她说，"他来医院做手术时是个健康的人，结果几天后他就死了。这本不该发生，肯定是有些地方出了问题，我们想知道是哪里出了问题。"

---

① 原文"All alike in dignity"改写了莎士比亚《罗密欧与朱丽叶》中序诗第一句"Two households, both alike in dignity"，此处采用梁实秋译本"那里有两大家族，有相等的声望"。——译者注

麦克斯注视着她，而我像个网球裁判一样靠后坐着，夹在了他们中间。

教授开口说："你觉得有地方出了问题。你认为我们有所隐瞒吗？"

"那还用说？"鲁克太太说，"他本来好端端的，然后就死了。而你，"她转向麦克斯，"在这期间给他做了手术。到底哪里出了问题？你犯了什么错误？"她的脸因气愤而颤抖，"他本该还活着，而你应该进监狱！"

没有人说话。过了一会儿，教授严肃地说："鲁克太太，我们知道您因为失去丈夫深感悲痛，这些都是强烈的情绪。但我必须请您今天对我们有一些耐心，尽量不要大声指责。我保证，我们会认真地听您说的话，所以没有必要大声地喊叫。"

"关于鲁克先生的事情，您还有什么要告诉我们的，或者想要问我们的吗？关于他的护理、治疗，或他的手术？"

"我所知道的是，他已经死了，一个健康的人不应该死。我想知道一切，我现在就想知道。"鲁克太太说，她的声音随着她的头一起颤抖。

"既然这样，我想请曼尼克斯医生讲一下她对整个事件的理解，"教授继续说道，"她没有参与护理，所以她的所有言论都是中立客观的。"鲁克太太又哼了一声，说："你们都是一伙儿的！"我就坐在她的身边，能感受到她寻求正义的坚定意志和静静酝酿着的愤怒。我深吸了一口气，然后开始总结。

病例记录就在我面前，但我没有用它们作挡箭牌，而是在座位上转过身来，面向鲁克太太。我告诉她，我是通过阅读诊所转介信、验血结果、病房记录和实验室报告拼凑出事情全貌的，我想让她确认一下我是否准确掌握了所有细节。我从鲁克先生还没有被转介到麦克斯的团队时开始说起。

"我可以看到，鲁克先生的前列腺问题令他非常困扰。他排尿很费劲，而且他抱怨晚上要经常起夜。我理解得对吗，鲁克太太？"她点了点头。"我还能看出来，他的臀部骨骼有病变，膝盖有关节炎，所以下床很痛苦，也耽误他睡觉。即使他回到床上，可能也需要一段时间才能缓过来再次入睡。我这样说客观吗？"鲁克太太又点了点头，说："他和我抱怨过他晚上很难受。但他一直是个什么问题都难不倒的人，我的罗伯特，他想照顾我，不想反过来让我照顾他。"

我告诉她，在记录中也能清楚地看出鲁克先生想照顾她的愿望，他跟好几个人都提到过。鲁克太太抬起头，第一次直视我的眼睛。

"我可以接着谈手术的事吗？"我问她，她点点头。

"我能看出，要做这个手术出于两个原因，"我告诉她，"一个原因是，鲁克先生不想使用导尿管，尽管那样很容易解决他排尿困难和睡眠不安的实际问题。但他告诉罗斯医生，自己宁愿死也不愿意用导尿管。这条信息相当明确，他跟你们说过这个事吗？"她摇摇头，她的一个儿子说："我们不知道医生跟他建议过使用导尿管，我们还在想为什么不给他用导尿管。"

"在全科医生的转介信中，医生也说鲁克先生'坚决反对使用导尿管'。所以他的全科医生和罗斯医生都跟他谈过这个问题，而他自己出于非常重要的原因，都拒绝了。医生尊重了鲁克先生的选择。"

我沉默了一会儿，给他们时间接受这一事实。

"要做手术的另一个原因是，鲁克先生的前列腺已经变得太大，阻碍了尿液流动，给他的肾脏带来压迫。他的全科医生给他做了血检和 X 光检查，您还记得吗？"我转向鲁克太太问道。

"他告诉我他的尿液有点滞留，"她说，"但他没告诉我他的肾脏受损了。我不认为他知道这些。医生本该告诉他的。为什么不告诉他？"

"全科医生在他做手术的转介信中说：'我向他解释说他的肾脏已经出现损伤的迹象，必须尽快解除尿路梗阻的问题，否则他的肾脏会完全衰竭。但他仍然拒绝考虑使用导尿管。'全科医生告诉他了，鲁克太太。"她凝视着我，眼睛一眨不眨，我读不懂这眼神的含义。

我告诉鲁克一家，麦克斯的团队在对鲁克先生问诊后，所写的门诊记录和信件都强调，手术是当务之急。

"当务之急是要挽救他的肾脏，这也是为什么他在看过门诊后紧接着就入院的原因。你们可以理解这一点吗？"

药剂师保罗·鲁克清了清嗓子，问："我可以说点什么吗？""当然。"教授说。"我爸爸是一个非常内敛的人，"保罗说，"他从不喜欢对事情大惊小怪。他的人生目标就是把他的生意经营好，这样我们就能过上好日子。退休后，爸爸希望妈妈能幸福。他觉得自己忙着经营肉店时，每天只顾着埋头处理文件、报表、账目和订单，清晨早早地就开始工作，因此忽略了我们。他想弥补这一切。妈妈是他的全部。"我用余光看到鲁克太太的手开始颤抖。"所以，如果他的病情有什么问题，他也有可能自己藏着不说。爸爸就是这样的人。"

"谢谢你告诉我们这些，"我说，"听起来，鲁克先生是个非常善良和坚定的人。如果他确实把病情藏着没说，那也是出于对你们的爱。"我想表明的是，尽管鲁克先生对病情保密造成了很大影响，但我们并没有责备他的意思；相反，他所做的一切是出于对家人的体贴和保护。

"我带大家回顾一下从鲁克先生进入医院那天起发生的所有事情，可以吗？"我问道，大家的注意力再次集中在鲁克太太身上。"我知道您担心有些事情是您不知道的，我想确实是这样。但这并不是因为有人刻意掩饰，而是因为鲁克先生要求医务人员不要向他的家人提供他的医疗信息。他不想让您担心。接下来，让我一天一天地带您了解……"

鲁克太太打断了我的话，"所以你们没有告诉我们真相，而是跟我们说谎？"她指责道，"罗伯特在说胡话。他不知道自己在说什么！而你们却听他胡乱指挥？我是他的妻子，我有权利知道他的医疗信息！"

我们所期望的"本该如何"与实际发生了的事之间的差距，是引起愤怒的原因。愤怒的人总是说"应该怎么样"：世界"应该"是什么样子，人们"应该"怎么做，我"应该"有权期待什么。

鲁克太太希望她的丈夫就是简单、短暂地住个院；她希望他能把他所知道的所有信息都告诉她；她希望如果他的病情有问题，他会即时告诉她。这些都是她想说的"应该"。然而，法律明确规定：每位患者都有保密自己的诊疗信息的权利，而医院是与患者建立过契约的。人们可能会做出不明智的选择，我们可以努力劝阻他们，但这最终还是他们的权利。拒绝使用导尿管就是一个不明智的选择。用几个星期导尿管可以让鲁克先生的肾脏得到恢复，这样，手术对他来说会更安全。文件显示，全科医生和罗斯医生的团队都跟他讨论过这个问题。在肾脏功能衰退的情况下，拒绝使用导管，是导致他死亡的一连串事件的第一步。鲁克先生瞒着家人做出了决定。如今看来，这是另一个不明智的选择。

我把这些想法都放在心里。我需要谨慎地措辞。

"我从记录中可以看出，鲁克先生想保护您，不让您担心，"我告诉她，"他不觉得那是说谎，他认为那是体贴。听起来，这似乎也符合保罗刚才所说的他的性格。您觉得呢？"

鲁克太太的双手紧紧攥在一起，放在腿上。桌子很高，她又有点驼背，所以桌面在她胸部的高度。这让她看起来很被动，我不知道该如何弥补这一点。房间的家具陈设影响了谈话的氛围。我们需要一张低矮的、不设"上首"位置的圆形桌子，来进行这样的会面；我们需要舒适的椅子，还需要饮料。维多利亚时代的家具外观非常气派，但它们给人的感觉是，医院处在主导的地位。这个房间对访客并不友好。

"医护人员应该告诉我。"鲁克太太说。但这次，只剩一声叹息。

"他们希望他们可以告诉您，"我跟她说，我能感受到她的困惑和悲伤是如此沉重，"最后，沙阿医生确实告诉您了，不是吗？但那时您一定非常震惊。您不知道他到医院时已经病得很重了，对吗？"鲁克太太悲伤地摇了摇头，但另一波愤怒又让她振奋起来，她坚定地扬起下巴，再次开口："那么，是不是手术让他的状况更差了？做手术是个错误吗？"

"做手术是保护鲁克先生肾脏的唯一方法，"我告诉她，"没有其他选择。另一个选择是肾衰竭，而他的血液循环不够好，无法承受肾衰竭治疗。"

我看了看麦克斯并说："罗斯医生知道有风险，他在记录中写到跟鲁克先生讨论过这个风险。你想补充点什么吗，罗斯医生？"

麦克斯倾身向前，目光越过我看向鲁克太太，说道："鲁克先生做的一切都是为了能照顾您，鲁克太太，"他说，"他告诉我：'我需要有健康的身体，来照顾我的妻子。'他说您被诊断出患有帕金森病，他需要保持精神矍铄，好照顾您。"鲁克太太迎着他的目光，脑袋摇摇晃晃的，这是帕金森病的症状之一。

"我不知道他不让病房的护理人员跟您说他病情的进展，"麦克斯继续说，"我一直认为，最好不要给家属突然的惊吓，或者冲击。如果我知道鲁克先生不让他们跟您说，我会想办法劝他的。"他停顿了一下，然后补充道："我很抱歉。这对您来说一定非常难以接受。"他的态度跟我在病床边看到的一样，十分温和。他说的是心里话。

又是一阵沉默。我继续讲："手术很顺利，但鲁克先生的肾脏并没有像我们期望的那样顺利恢复。渗出的液体在他体内聚集，沉积在肺部。"

保罗探出身体。"说到这里，我想问一个问题，"他说，"爸爸的肾脏已经在衰竭了，然后有人给他开了一剂呋塞米①。那剂药似乎让他的肾脏彻底衰竭了。用呋塞米是谁的决定，现在我们怎么看那个用药记录？"这一直是内部调查的重要部分，我告诉他们："那个药是沙阿医生签字开的，她是一名外科实习医生。在记录中，她写了曾向肾脏科的一名主任医师咨询过。"我回答道。然后我向鲁克太太进一步解释道："那名医生是肾脏科专家，是有关这类用药最适合咨询的人。肾脏科的医生研究了鲁克先生的验血结果和胸部X光片，他们建议说尽管呋塞米有进一步损害肾脏的风险，但当时他有肺水肿，就是他肺里的积水，会进一步威胁他的生命，鲁克太太。"

"所以这个风险经过了仔细衡量，是一个专业的医学判断。所有这些都记录在他的病历里。"我在心里感谢沙阿医生堪称典范的病例记录，毕竟想要收集、厘清医疗决定的细节并不总是这么容易。

保罗向后坐回去。"有道理，"他和家人说，"没有一种用药是毫无风险的。我想在那种情况下，我也会给出同样的建议。他们别无选择。"

___

① 呋塞米是一种作用于肾脏以增加尿量的药物。在某些情况下，它也可能对肾脏造成损害。

"在那之后，鲁克先生的肾脏很脆弱，而肾脏衰竭使人变得神志不清。这也解释了为什么他会给您打电话，鲁克太太。他觉得太难受了，所以他很害怕，而您一直是他最大的安慰。"我停顿了一下，然后问她，鲁克先生在她到达时是否还醒着。她看了看乔治。"是的，我二十分钟就赶到了，乔治也很快就到了。罗伯特知道是我来了，护士们把他扶回床上，我们就靠在一起坐着。我无法相信他当时的状况，他迷迷糊糊的，睡衣上还有他拔出导尿管时蹭到的血迹。"她颤着声说道。

"然后那个戴头巾的年轻医生来和我们谈话。她告诉我们他病得很重，他可能会死。我简直不敢相信。我对她大喊大叫，把她弄哭了。"

"那您现在怎么看待和沙阿医生的那次谈话？"我问鲁克太太。她看了看儿子们，又低头看着自己紧握的双手，叹了口气。

"她是第一个告诉我真相的人，不是吗？"她说，"我不知道他会病得如此严重。当知道他可能会死时，我留在了医院里。我很庆幸她告诉了我们。我很庆幸我在那里。我当时太生气了，但是，我认为她做了正确的事。"

"我很抱歉我把阿沙医生气哭了。其实她已经尽力了，她很善良，她并不是坏人。"

"您认为有人是坏人吗，鲁克太太？"我问她。她低下头，我看到泪水滴在她的手上。她花了很长时间来思考答案。最后，她用疲惫而悲伤的声音说："没有。每个人都做了他们希望结果是最好的事情。即使是罗伯特，他也瞒着我，但他怎么能这样？"然后她开始哭泣，麦克斯把桌子上的一盒纸巾推向她。她抽出一张纸巾，向他点了点头，然后坐在那儿，用手指捻着纸巾。

沉默的时间越来越长，教授耐心地等待着。最后，他说："如果你们觉得你们关心的问题已经得到妥善解决，我就结束这次会议。还有人有什么要补充的吗？"他又等了一会儿，没有人说话。

"你们还有什么担忧是我们今天没有谈到的吗？"他直接问鲁克一家。鲁克太太摇了摇头，擦了擦眼睛。保罗说："你们解答得很全面也很专业，普莱斯教授，谢谢您。这次会面对我很有帮助，我希望妈妈和哥哥也是这样想的。"乔治点点头，鲁克太太用她颤抖的手搓弄着她的纸巾。

他们离开后，麦克斯松了一口气。鲁克一家之前觉得医院暗地里有不正当的行为，这次会议应该消除了他们的误解。麦克斯和伊妮德还有下一项工作要做，也离开了。房间里只剩下我和教授，我还有一件事要和他讨论。我仍然对他心存敬畏，但我要对他提出一条批评意见，不知道他会作何回应，我十分焦虑。愤怒虽然可能爆发，引起冲突和失控行为，但有时它也能提供能量，支撑人们度过绝望，或者点燃追求正义的火花。愤怒并不是件坏事，只不过，我们需要明智地使用它。

我的愤怒是关于伊妮德的姓氏。为什么我们三位医生都有头衔和全名，而花了几个小时准备文件、与工作人员联络、为这次会议做准备的伊妮德，在被教授介绍时就只是"伊妮德"？参加医学会议时，我观察到，高级医师在互相介绍的时候，对男性习惯使用头衔，而对具有同等级别甚至更高资历的女性，却只说名字不带姓氏，这是不公平的。事情的现状和我认为事情应该如何之间存在着差距，这个"应该"是引起我愤怒的原因。我深吸了口气，在心里下定决心：我必须好好利用我的愤怒。

"教授，我可以请教您一些事情吗？"

"当然可以，凯瑟琳。"他回答道。

"是关于介绍的。"我说。我进入谈话了，我已经跨过了门槛。他看起来很疑惑。"我欣赏您向来访者一一介绍房间里的每个人，"我继续说，我的心脏在胸口怦怦直跳，"我格外欣赏，您介绍了我们所有人的职业头衔。并不是所有场合都会这样做的，而且重要的是，来访者知道他们的投诉得到了重视，是由资深的专业人士处理的。我通常都无所谓，但我知道您并不赞成我让患者直呼我的名字，虽然这样做我们彼此都很舒心。"我在闪躲，我在回避。但我还是要说！

"不过我注意到，您并没有介绍伊妮德的头衔和姓氏。我不知道她会怎么想。她在准备工作中，是非常重要的成员，不仅仅只是担任记录员的角色。她是我们的同事，有姓氏和工作头衔，她可能也希望得到同样的认可。"

我感觉到自己脸红了，这泄露了我的情绪，真令人恼火。但我是在指出一件不公平的事，这是正确的做法。愤怒的感觉就像飓风来袭，有一股力量笼罩着我们，让我们怒不可遏，无法选择自己的语言，也无法权衡行为的后果，但这股风也可以是推动我们向善的力量。我在学习变得勇敢：让勇气扬帆，乘着愤怒的风，冲向正义的方向。

教授停下整理文件的动作。

他看了看我，然后转过头去，若有所思。

"我竟从未想过这个问题。"他承认道，"我想我没有注意到自己是这样做的，但我会努力改进，曼尼克斯医生。"他微笑着，"谢谢你提出来这件事，我会做得更好的。我们回去工作之前，你有时间喝杯咖啡吗？"说着，他温和有礼地为我扶着门，让我在他前面离开房间。他接受了我的反馈。

他沉静的风度让我自叹不如。

15

倾听是一门增近感情的课程

从邀请他人进入一场谈话，到倾听和好奇、确认和巩固理解、了解和保持沉默，再到充分倾听或被倾听，这个过程是构成我们人生经验的重要部分。这些谈话点缀在我们的生活中，伴随着我们在人生的旅程中学习和成长，使我们从纯真变得睿智。此类谈话大多发生在亲密的人之间：父母和孩子、恋人、朋友、导师和学生。有时，和陌生人谈话也具有深刻的意义。我曾在火车上和其他乘客聊天，深深感受到他们的智慧和善意；我也曾在机场的航站楼和咖啡馆里，给偶然遇到的人带去安慰。

无论何时，深刻的温和谈话都能给人的生活带来巨大的改变。如果我们是被倾听的人，温和谈话能让我们思考自己所处的现实情境，在安心的空间里体会自己的情绪，一点点度过承受困难、抓住机会、更清晰地了解自己和他人的这一旅程；这些谈话让我们更能接纳自己、更有智慧。当我们反思自己遇到挫折、困难、意外结果的经验时，我们往往能学到最多东西。

如果我们是倾听者，这些谈话让我们能深入地了解另一个人的世界，让我们对他人的毅力和韧性感到钦佩，让我们从完全不同的角度去理解某种情况，让我们能学着理解他人在应对所处境况时遇到的困难，让我们对人类处境有更宽广的领悟，也让我们能认清自己生活中所面临的挑战、困难、欢乐。倾听者和被倾听者的人生都因谈话的经历而得以丰富。

倾听是我们可以学习的技能，许多人在试验、犯错、反思中学习。也许可以把倾听纳入代代相传的智慧中，它甚至可以在学校的课程中占有一席之地。

用煎饼给孩子们上一节倾听课

"妈妈，学校邀请我做同伴调解员。"大儿子放学后告诉我这个消息。我的脑中闪现出这样的景象：一条海滨长廊上立着一个彩绘亭。我心里疑惑："同伴调解员"是什么？"我们在十二年级的时候接受培训，然后在最后一年给其他学生做调解员。"他补充道。这句话对我的理解力稍微有了点帮助，至少海边的亭子现在被挪到了学校操场上，在灰色柏油路和黑色校服的海洋中，格外显眼。

在接下来的六个月里，大儿子和他的同伴们经常在调解培训后来到我家，聚在厨房餐桌的周围聊天。我听着他们的讨论，对这项活动的印象越来越好。他们学习如何倾听、如何使争论不再升级、如何为学生营造私密的空间让他们倾诉；他们学习关于保密的知识：如何保守保密，还有在什么时候，要出于为对方的安全着想的角度去打破保密性，以及该如何做；我听到他们讨论毒品、酒精、安全和危险的性行为、同辈压力、同意权、避孕等话题。在每一节课中，他们都会练习倾听技巧。有一次，培训的内容是关于自杀的话题，课后他们回到家，陷入了沉思。后来的培训还要求学生反思自己在学校的经历，如果他们愿意的话，也可以分享讨论。在学校的经历不外乎：恋爱、分手、霸凌、考试成绩，还有来自体育、表演艺术、学术研究等方面成绩的压力。之后几节课，培训的主题是父母的行为：对一些学生来说，谈及父母意味着压力；也有一些学生想到的是冷漠、家庭支持、家庭破裂，还有丧亲之痛。"没有人谈论过死亡。"大儿子狡黠地看向我，"要我推荐你来演讲吗，妈妈？"我当然不会去。

学校让年龄较大的孩子参加同伴调解培训，让年龄较小的孩子参加同伴间互相倾听的培训，这么做可以极大程度地提高青少年的自尊心，改变他们对倾听的态度，让他们在以后的人生中重视这项技能。学生能够靠互相帮助解决问题，老师会支持他们，但不一定干预或"帮忙解决"他们的问题：在学校里树立这样的信念，会改变学生的自我效能感。他们遇到问题，首先会去解决它，而不是动辄就寻求帮助。同伴调解员引导学生去思考自己的问题，但当他们觉得找成年人帮助更稳妥时，也会提示调解对象。几年后，我女儿就带着另一个学生去找了"同伴倾听辅导老师"，因为她听其他同学说，这个学生在家里可能不安全。当时我可真松了一口气。越来越多的证据表明，学校里如果建立了同伴倾听范式，好好培训学生，加上老师的支持，对整个学校都有益处。我们都是能主动改变自己生活的人。寻求帮助体现了我们的意志力，也代表我们想要去解决问题。倾听他人是有意义的助人之举。试想，这些青少年长大成人后，会为社会带来多么大的变化。他们在工作中、在休闲时、在家庭生活中，播撒下倾听的种子，一步一步地，整个社会也会变得更善倾听、更加包容。

有一个星期，孩子们培训的主题是如何解决冲突，这个主题引起了他们的热烈讨论。我一边做着给他们补充能量的煎饼，一边偷听他们辩论。

一个女孩说："我觉得女生和男生不一样。男生生气了就打一架，然后事情就解决了；女生则相互冷落，结果就绝交了。"

"但我们说的不只是朋友之间的意见分歧，对吧？"一个男生说，"有时我们要把本来就互相讨厌的人凑在一起调解。我们不是要让他们变成朋友，而是想让他们在有意见分歧时彼此划清界限。"

"相互认可的界限，"另一个男生插话，"倾听，重复对方的话，提出折中方案。"他列出了这些步骤。

"那冷战怎么解决呢？"第一个男生问道，"说实话，我真是不懂女生。她们对所有事情都那么……情绪化，这也太累了吧。"

"那男生就没有情绪吗？"我一边问，一边把堆得高高的煎饼塔放在桌上。我当时可没想到，这些煎饼不久后会压倒理性讨论。我朝女孩们眨眨眼，她们回以微笑。"还是说只不过男生处理情绪的方式不一样？"

"我觉得只看男女生的差别不太合理，"一个男生边说边吧唧吧唧地嚼着煎饼，"相比之下，人与人之间的关系可要微妙得多，对吧？"

孩子们都饿了，忙着大快朵颐，现场安静下来。我给他们准备了柠檬汁、糖、枫叶糖浆，有人还问我要了巧克力坚果酱和肉桂粉。孩子们有的把煎饼卷起来，有的把它们折成直角扇形；有的用餐具吃，有的就用手捏着吃。无论什么吃法，他们看起来都很满足，并强烈要求第二轮供应。我欣然答应了。

我回到厨房，打鸡蛋、舀面粉、倒牛奶、打发面糊，孩子们继续聊了起来。他们都认为，挑衅可以放在明面上：喊叫、打架、不客气地发短信、骂人。显然，电话在纠纷和欺凌中的应用，让青少年的情绪更加复杂。他们还认为，挑衅也可以藏在暗地里：不合作、讽刺、冷笑、扮演受害者。在学校里，暗地里的挑衅可能演变成拉帮结伙，冷落跟他们"对立的人"，让对方不好过。不同性别都有这样的例子，男女生之间的差别并不像他们一开始想象的那么明显。

"跟我说说调解的事吧，"我边问边在炉灶旁往煎饼塔上堆煎饼，"你们必须要练习吗？练得怎么样？"

一个女孩回答："挺难的。我们要让每个人倾听跟他们意见相反的人，要认真地听；然后跟对方复述一遍，表明自己理解了；再让对方补充或纠正细节。"

"我们的任务是确保他们不打断对方，而且当他们复述对方的话时，要用理智的语气，不能带着情绪说话。我们要让他们说'我听到你说你认为……'然后接对方认为什么，或者'当我说或做某件事时，你觉得……'然后说对方觉得怎么样。"

"听起来挺复杂的，"我说道，我非常欣赏他们调解课程的深入程度，"可以让我看看你们具体是怎么做的吗？"

他们看着站在对面的我，想知道这个提议会不会耽误他们吃下一轮煎饼。

我继续说道："那我可要投诉了。我有些不满，因为有一群人坐在我的屋子里，吃光了我的煎饼，一个也没给我留。"我边说边把第二盘煎饼端到桌上。他们都笑了，除了一个我以前没见过的女孩，她肯定在想我是不是真的因为煎饼不高兴了。

一个男孩说："好吧，那我请你告诉我们，你对这个情况的真实感受。你可以说你的感受，然后我请……谁吃的煎饼最多？"孩子们笑了起来，指着我最熟悉的一个女孩，她正高兴地舔着手指，面带微笑。"我请布朗尼听你说话，然后把她听到的内容复述给你。其他人也可以趁着她说话时多吃一些煎饼！"孩子们的笑声更大了。有人指出他这话说得夹枪带棒的，他们就笑得更厉害了。

"想试试吗，布朗尼？"我问她，"我们请卢克做调解人怎么样？不过先让他再吃个煎饼吧。"他们同意了。我在餐桌旁坐下来。"我也先吃个煎饼。"我说道，他们又笑了。

"好的，布朗尼和凯瑟琳，"卢克说，"我听说你们在煎饼的分配上有分歧。是这样的情况吗？"

布朗尼看着我，点了点头说道："凯瑟琳说她不高兴，但我也不知道怎么回事。这事儿怪我可太不公平了！"她用青少年的语气气鼓鼓地说道，与我认识的那个平静而温和的女孩截然不同。她扮演了一个角色，她的朋友们都赞许地点头。

"好的，现在我希望你们两位同意做下面的事情。"卢克说着，顺手拿起一块煎饼，"我希望凯瑟琳仔细地解释一下她为什么这么不高兴。我希望布朗尼认真地听，然后复述凯瑟琳说的话，用'你说'和'你觉得'来表明她明白凯瑟琳的感受。接着我们交换一下：布朗尼说她对这件事的感受，凯瑟琳听，然后复述给布朗尼。这样可以吗？"我们点点头。"如果需要提醒你们规则，我会插两句话。好吗？"我们又点了点头。布朗尼拿起一个煎饼，在朋友们的笑声中淘气地咧嘴一笑。

"好的，谢谢你们两位配合我，"我说，"是这样，今天晚上有一群学生来到我家，他们非常饿。我给他们做了一大堆煎饼，端到桌子上。但只过了一小会儿，当我再回来的时候，所有的煎饼都没了，一个都没给我留。学生们告诉我，布朗尼吃了我的那份！我感到很难过，也很失望。"说完这段话，我又给自己拿了个煎饼，桌子旁的孩子们又大笑起来。

"谢谢，凯瑟琳，"卢克说，"那么，布朗尼，你听到凯瑟琳说了什么呢？"

"凯瑟琳，你说你做了一堆煎饼，但我们把它们吃光了，所以你感到很伤心、很失望。"布朗尼说。我突然有些不确定：我希望他们明白我只是在扮演一个角色。实际上，我很喜欢他们把我们家当作休闲聚会的地方。

"你觉得布朗尼听明白你说的话和你的感受了吗？"卢克问道。我表示同意，然后卢克让我们交换角色。"如果学生年龄较小，他们建议我们用一个沙包、一支笔或其他东西做提示道具。谁拿着那个东西，谁就说话，别人不能打断。"卢克补充道。"也许布朗尼应该拿着煎锅？"新来的女孩笑着建议道，大家都跟着笑起来。

布朗尼，还在委屈的青少年角色中没有出戏，她说："嗯，我来到凯瑟琳家，她给大家做了煎饼。煎饼很好吃，我也饿坏了，就只顾着往嘴里塞。当我抬头看时，才发现我正在吃的是最后一块了。凯瑟琳也没说过她想吃。我以为煎饼就是给我们吃的！我觉得这事儿要是都怪我的话，可太坏了！"她停了下来，脸上的微笑让她漏了馅儿，说明她无理取闹的语气是演出来的。她是个好演员。

"谢谢，布朗尼。那么，凯瑟琳，你听到布朗尼说了什么呢？"卢克这样问我。"布朗尼说……"我刚开口，卢克就打断了我："不要告诉我布朗尼说了什么，凯瑟琳，告诉她。说'你说'或'你觉得'来向她表明你认真听她说话了。"

我不禁在心中赞叹：哦，这太棒了，这个模式太好了！

我重新说道："布朗尼，你说你很饿，煎饼也很好吃。你说你在吃完最后一块之后，才意识到煎饼吃光了。你觉得大家都责怪你，这太坏了。你还说我没说过我想吃煎饼，所以你不知道我也想吃。""你觉得凯瑟琳听明白你说的话和你的感受了吗？"卢克问布朗尼。"是的。"布朗尼回答。

"凯瑟琳，你现在对这件事有什么感受？"卢克问道。

"我现在明白了，如果我想吃煎饼，应该提前说出来，或者出手快一点儿，先抢一块！"我笑着说。卢克又问："那布朗尼，你呢？"布朗尼想了想，然后说："凯瑟琳真是太好了，给我们做煎饼吃，我们要是给她留一块就好了。但我并没意识到我吃了那么多！"她笑了。

"那么，你们当中有谁想说点儿什么来言归于好吗？"卢克问道。我说："做煎饼对我来说小菜一碟，我很高兴你们喜欢，而且我随时欢迎你们来吃。下次我保证会跟你们说给我留一些的！"布朗尼回应说："我们喜欢来你这儿，你给我们做煎饼真是太好了。下次我们会问你要不要我们给你留一些，至少留一份儿。"大家大笑着为我们的角色扮演鼓掌，布朗尼也高兴地笑了。我探过身子给了她一个拥抱，然后开始收盘子。

"让我们来吧，女士！"一个男孩喊道，"让我们给您泡杯茶吧！"我接受了他的好意。他们收拾了桌上的东西，擦了桌子，把餐具放进洗碗机，还泡了七杯茶，每人一杯。

我坐在桌前，看着他们嬉笑着做完这些家务。我思考着，尽管我们的争执是设计和表演出来的，但情绪是真实的。我确实感受到了布朗尼因为被责怪而难过和她因为我没分到煎饼吃而感到愧疚的情绪。我很高兴能大声说出我有多喜欢他们来我家做客。

在一个安全的框架里，让人们说出对期望未达成的失望、对不公平的愤怒、对需求未得到满足的悲伤，并让争执的双方知道如何倾听、反思、复述他们所听到的内容，这也是高层次争端解决方法中的一环。这些都是生活中所需的技能，可以让意见分歧在升级为让任何一方后悔的行为之前就被提出来探讨，甚至得以解决。调解纷争的技能可以让学生们更从容地体验学校生活，而"学会倾听"能让这些年轻人在余生都受益匪浅。

我怀念厨房餐桌旁的讨论时光。那些年轻人现在都在外面闯荡世界了。我希望他们仍然在倾听他人。

16

沟通中的犹豫与挣扎

在"知"和"不知"之间有一个位置，我称之为"中间地带"。这个位置很奇怪，在这里，"不知"的自在被"知"的痛苦侵蚀。"不知"看起来是好事，有些个人、家人、医生打心底里认为"不说"是正确的。但问题是，处在"中间地带"的人并不是单纯的"不知"。恐惧和悲伤会时不时袭来，带着来自"知"的气息，越来越难以抑制，打破人们内心的平静。"中间地带"是没有人陪伴或安慰的地方，是脆弱而孤独的无依之地。

很多情况都有"中间地带"。从第一次怀疑可能有问题到怀疑得到证实的那段时间，当事人都处于"中间地带"。**"不知"本来为人们准备了一条退路，让人们远离可能发生不好的事情所带来的情绪波动。**这些令人不安的预感包括：我的孩子可能没有像其他孩子那样正常发育；我可能会被公司裁员；我的健康可能出现了问题。但要想克服这些潜在的困难，就必须了解可能发生了什么事，以便我们做好准备、找帮手、着手解决问题和寻求支持。

"中间地带"是望向左右两边的岔路口：左边朝向人们知道艰难现实后的

心乱如麻，右边朝向人们还没承认事实的"安全港湾"。因为不知，那里仍是一片平静。

因如何照顾母亲而各持己见的四姐弟

特里是严重肺部疾病护理团队的顾问护士。他的工作内容包括：与患者和他们的家人交谈，讨论如何在家里吸氧；如何调整穿衣、做饭等日常活动，让患者能够保有自理的能力，以及如何为生命的最后阶段做准备。他负责的患者有患有退行性肺部疾病的老年人和患有遗传性肺部疾病的年轻人。对于谈论临终、死亡和准备后事，他已经习惯了。他也是我们医院认知疗法实践指导组的成员，是我的搭档之一，我们使用认知行为疗法课程上学到的技能来支持和帮助患者。我们大概每个月开一次会，回顾工作实践，谈论治疗中的具体困难，并跟进之前案例的进展。这种模式有助于我们坚持认知行为疗法实践，也让我们有时间停下来和另一位专家一起反思。

特里的母亲患有心脏病，当她过了七十五岁生日后，腿部肿胀、呼吸困难和疲惫的症状日益加剧，让她难以负荷。有些日子，她几乎下不来床。特里和几个姐姐姐夫排班轮流照顾老人。住得近的每天都来，住得远的周末来。他们做饭、打扫、鼓励她，还照顾她吃饭。他们跟她说"等你好些了……"

但老人的状况却没有任何改善。她更加疲惫了，手臂和肩膀越来越瘦，腿却因为积水而变得肿胖。医生给她换了药，她的腿就不那么肿了，但她需要经常排尿。上厕所让她筋疲力尽，她只好不情愿地接受用导尿管。她的食欲越来越差，平日里就靠着一堆枕头，半躺在床上。特里觉得她看起来像只小麻雀，被关在塞着亚麻垫的笼子里。我们每个月开会的结尾都会聊起特里的母亲。特里明白她已时日无多，想竭尽全力为她多做些事。

特里告诉我，他已经和几个姐姐谈过了。他问她们："你们都意识到妈妈快不行了，对吧？"

他叹了口气道："她们的反应各不相同，很有意思。我觉得这事儿可能很难办。"他描述了几个姐姐的反应：

"哦，别这么说，特里！你就是想摆脱她！"大姐说。

"我能看出来她越来越瘦小，越来越虚弱，"二姐说，"但还好，她并不知道。"

"哦，特里！"三姐抽泣着说，"看着她现在这样我真是太难受了。我有点儿怀疑，你觉得她意识到自己的情况不乐观了吗？"

"在工作中，我发现人们一般都能从直觉上意识到自己的情况恶化了，"特里跟姐姐们解释道，"让他们有机会把内心的恐惧说出来，然后他们想知道什么就尽量告诉他们，能帮他们更好地去应对自己的状况，减少白白担心的时间。"

"荒谬！"大姐嗤之以鼻，"我了解妈妈，跟她说她不行了，会让她受不了的！"

"我不能跟她聊这件事儿，特里，"二姐说，"她会很难过的，我们也会难过，一切都会变得不正常。我认为我们不应该说。"

"有的时候，她看起来很害怕，"三姐说，"我担心她可能已经猜到了。但如果她没有呢？如果我们跟她说，反而让事情变得更糟呢？"

三姐继续说："而且，你知道要是我们真的想跟妈妈聊这件事儿，大姐会杀了我们的。"

三个姐姐，三个不同的观点。特里边喝着咖啡边思索着，这事儿难办了。

有些人认为每个人都想知道关于自己的所有事和自己健康状况的全部细节，这样的想法是有危险的。有些人确实事无巨细，全想知道：他们上网搜索，询问其他医生的意见，努力收集信息，尽可能多地了解他们的病情、疾病模式和预后、治疗方案及其治疗后的疗效和副作用。但这种态度并不普遍，有些人只想知道"够用的信息"：他们不喜欢大量信息带来的负担，而是只希望获得足以支持他们作出决定的信息，让他们感觉"足够知情"就可以了。还有些人压根儿什么都不想知道，我记得有一名患者曾经跟我说："如果是坏消息，医生，就告诉我妻子吧。我不想知道。"运用好奇心，是准确引导此类谈话方向的最稳妥的方式。

不仅当事人的想法有各种可能，他们最亲近的人，对于应不应该告诉他们和告诉他们什么，也有各种不同的意见。一个亲密无间的家庭里，大家的想法会多么千差万别，有时令人不可思议。特里家的人都希望他妈妈一切顺利，但他们对什么是"一切顺利"却各持己见。

沟通中"不知"的两种情况

处于中间地带的人都很不自在。没有人能确定什么话该说，什么话不该说。没有人想造成别人的痛苦，每个人都希望有明确的计划。想要做计划，就必须变成"知"的状态，但我们并不清楚对方是否愿意知道。中间地带是没有计划的不安之地，每个人都在"不知"的假象中等待着，直到这虚幻的泡沫破裂。

"不知"就不会引发人们的困扰、紧张或质疑等情绪的变化。对"不知"的人来说，就好像坏事没有发生一样，他们是平静安宁的。但一旦他们怀疑起来，就会感到焦虑，他们会疑惑是哪里出了问题。

"不知"分两种情况。一种是，当事人已经得知坏消息了，但有时他们表现得像不知一样。他们遁入"不知"之境，心态会在那段时间恢复平静。这种应对方法也被称为"否认"，能有助于防止当事人长期沉浸在坏消息带来的痛苦中。我有位亲近的叔公，他每天晚餐时都在餐桌上为亡妻留一个位置。家里的亲戚们都很着急，觉得他没有"面对"失去妻子的事实。但当我和他谈起这个问题时，发现情况其实恰恰相反。"我觉得我们仍然是夫妻，我喜欢这样想，所以才在餐桌上留着她的位置。"他说道，"我还和她聊天，这给了我很大的安慰。当然，我明白她已经不在了。但有时我可以让自己暂时忘记这个事实，让自己幸福一会儿。"

另一种"不知"更有问题，因为"不知"并不是当事人的主观选择。比如，严重疾病的诊断还没有出来，或者坏消息还没有传达给所有需要知道的人。当事人有些时候感觉正常，但也有些时候觉得什么都不太妙：可能是身体上的症状令他们担心；可能是他们关心的人看起来不舒服；也可能是家人好像对什么事都很紧张，但又没有说是什么事。当这些坏消息的暗示出现，焦虑和不祥之感就会伴随着他们。许多人都说，等待坏消息的日子远比知道以后的时间更难熬，知道坏消息后反而感到解脱；他们还说："至少现在我知道要解决的是什么问题了。"

识别第二种"不知"的关键是要意识到它。当人们走出"不知"进入中间地带时，他们会感到难受。当他们在心里开始担忧"如果……怎么办？"时，会感到焦虑和悲伤，表现出来的状态可能是：喜怒无常或问题变多；对症状感到恐慌或不愿意社交；寻求保证和安慰；或性格或行为上任何异于往常的变化。

挑明"中间地带"的话题通常不是要和对方对峙，而是要达成共同的理解。这是一场温和的谈话：我们提出在当事人身上观察到的变化，询问他们这些变化对他们来说意味着什么。谈话有助于我们辨明对方是不是自愿逃避到"不知"之中，理解他们这样做的原因，并请他们表达想着"如果……怎么办"时是怎样的焦虑。

痛失爱妻的叔公

我和叔公聊了他晚餐时为过世的妻子留位置这件事。

"我帮您摆桌子吧，叔公。"我在他的小厨房里徘徊，有一种我的"谈话任务"迫在眉睫的感觉。我很紧张，因为我知道自己要和他聊什么事；他很放松，面带微笑，因为他不知道我在执行家庭任务。

"刀叉在最上面的抽屉里，把你艾尔叔婆最喜欢的盘子也给她摆上，就是那个有玫瑰花图案的盘子。"我从抽屉里拿出三套餐具，穿过厨房门拿到餐厅，在桌上铺上三张餐垫。

"叔公，您坐哪个位置？艾尔叔婆的盘子应该放在哪儿？"我问道，让自己的声音尽量保持平稳。"她以前总坐在窗边，"叔公在厨房里说道，手上搅拌着一锅汤，"我坐她对面。"我注意到他的用词："以前总坐"，过去式；"坐"，现在式。

"您一直给叔婆留位置吗？"我问他，装作自己并不知道的样子，仿佛亲戚们并没有因为这件事而议论纷纷。"每顿饭都会，"他站在厨房门口确认道，"这是我纪念她的方式。我昨天还给她买了那些花，"他继续说着，用下巴指了指桌上那瓶玫瑰花。"她以前一直喜欢黄玫瑰。"我又注意到："以前喜欢"，过去式。

"叔公，您觉得过了这么久了还给叔婆留位置，会不会有点儿奇怪？"我问他。他正端着一个托盘走向餐桌，上面盛着两碗汤。他放下托盘，把一只碗放到他的盘子里，另一只放到我的盘子里。我注意到，艾尔叔婆并没有汤。他直起腰，转身朝向我。

"我每时每刻都在想她。"他说道，声音有些颤抖。他转身把托盘端回厨房，回来时拿着胡椒粉和盐，并示意我坐哪个位置。我们就座后，他倒了两杯水，并在桌上举起杯。"很高兴你能来看我，凯瑟琳，"他说，"你艾尔叔婆和我都为你感到骄傲。"我心中涌起一阵感动：打我记事起，他们就一直对我关爱有加。我考上了医学院，他们都特别骄傲。我在医学院读到一半时，艾尔叔婆去世了，而如今我做执业医师已经两年了。

我感受到了叔公的爱，然后猛然意识到，我还感受到了叔婆的爱。我和叔公默契地选择"不知"，让叔婆在这顿饭时"陪"在我们身边，一起度过一段美好时光。不用叔公解释，我就明白了：短暂的"不知"所带来的安慰，就像在事实的悲伤沙漠中找到一片绿洲。叔公自己选择在"知"和"不知"之间游走。他的婚姻是他一生的慰藉。

叔公是自愿选择不知的，而特里的妈妈似乎是另一种情况。她知道自己有心脏病，她的家人已经发现她越来越虚弱、疲惫，但没有人知道她自己是怎么想的。一个女儿认为妈妈有时看起来很害怕，也许已经猜到了自己的病情；一个女儿认为聊这件事会让妈妈受不了；还有一个女儿认为和妈妈聊这件事会改变一切现状，没有退路。姐姐们对特里在工作中积累的专业知识不以为然，尤其是大姐，总摆出一种"有种就跟我作对"的架势。

徘徊不定的罗斯

特里告诉我："我决定了，周末再轮到我照顾妈妈时，就邀请大姐也过去。我们很少有机会面对面交谈。希望我能帮她学会倾听妈妈的声音，而不是一直在妈妈身边假装欢欣鼓舞。我给许多家庭提供过建议，告诉他们怎样温和地说出真相。我从没想过，当面对自己的亲人时，会这么难！"我能感受到他的焦虑。尽管他有很多谈论家庭的理论经验，却在自己家庭的实践上卡住了。我们一起思考起他家的情况。

特里知道，他的大姐罗斯非常爱妈妈。大姐坚定地认为，跟妈妈说她时日无多的事实，妈妈会受不了。特里虽然并不认同，但他知道姐姐是出于好心，而且她这一生都在认真地承担着大姐的职责。特里在多年的护理工作中积累了丰富的经验智慧，深谙如何谈论"生死"，但他也知道，直接从正面跟姐姐说更有可能产生争论，反而不易达成新的共同理解。几十年了，他们的沟通一直是这样。

罗斯也徘徊在"中间地带"。她从不谈论母亲不断恶化的健康状况，所以能在母亲面前表现得"不知"，经常愉快地说着"等你好些时"我们会做些什么计划。但她也知道母亲快不行了，心里准备着，在母亲不可避免地离开后，继续尽好"大姐"的责任。面临亲人健康恶化和去世的状况，选择"中间地带"是许多家庭的常见策略。

不同的是，家庭成员自愿选择"不知"并不等同于能够把"不知"的意愿强加给患者。特里想知道妈妈是否像另一个姐姐观察到的那样害怕。他希望大姐能参与这场谈话，这样她就能看到特里是在邀请，而不是要求妈妈跟他讨论她自己的健康问题。他知道自己有专业的沟通技能，可以顺利地和妈妈开启谈话，但他希望能向大姐示范这种沟通方法，这会对她今后照顾妈妈有所帮助。他想向大姐展示自己每天在工作中运用的沟通方式。让我们看看他做得怎么样。

"我们和妈妈一起喝杯咖啡吧。"大姐到家后,特里建议道。特里已经确保妈妈早上打了个盹儿,以便她在之后的谈话中尽可能地保持清醒。他让大姐坐在妈妈床边的椅子上,他自己坐在床尾,这样就能在谈话时同时看着她们俩。

"你来啦,罗莎琳德,"妈妈说道,她总是叫他们的全名,"特伦斯说了你要来。他正在做好吃的午餐。"她对大女儿笑了笑,嘴角上扬,眼神却含着忧郁。她惆怅地说:"我希望我今天能吃上一点儿东西。"

大姐亲吻了妈妈的脸颊,然后坐了下来。特里给姐姐和自己端来两大杯咖啡,给妈妈拿来她最爱的小杯子,三个人一起喝着咖啡。

"你一定能吃一大碗特里做的炖肉!"罗斯鼓励道。妈妈恹恹地笑了笑,耸了耸肩。

"你担心自己胃口不好吗,妈妈?"特里问道。妈妈没有接话。罗斯吸了口气想开口,特里朝罗斯摇了摇头。于是罗斯呼出那口气,撇了撇嘴,隔着杯沿瞪着他。

"我发现自己根本吃不下什么东西,"妈妈终于说道,"我以前胃口很好的。"特里点点头,喝了口咖啡。他让沉默在空气中沉淀,不去打破它,就这样过了一会儿。

"最近好像很多事情都不太一样了,对吗,妈妈?"特里说,"你还注意到有什么其他变化吗?"大姐僵住了,但她沉默地等待着,直到妈妈说:"我简直弱不禁风,我完全没有精力。你发现了吗,罗莎琳德?"妈妈把自己那张小小的、紧绷着的脸转向长女。罗斯急忙说:"但你很快就会好起来的,妈妈,我敢肯定。"

　　又是一阵沉默，然后特里说："妈妈，这种疲惫感让你担心吗？"他盯着罗斯，让她保持沉默。

　　"嗯，这些天我根本下不了床，"妈妈说，"我不知道我会变成什么样。我不知道，真的！"她望向坐在床尾的特里，又说道："特里，你在工作中见过像我状态这么差的吗？"

　　"妈妈！"特里还没来得及喘口气，罗斯便抢着说，"你知道特里照顾的人跟你不一样！他的患者都有肺部疾病，这根本就不是一回事。"特里沿着床边轻轻向前挪了挪，这样他就能握住妈妈的手，也能离罗斯更近一些。他等了一会儿才回答。

　　"我确实见过有人跟你一样精疲力尽，妈妈。"他说道。罗斯动了动，似乎想再说话，但特里伸出手来，非常温柔地碰了一下罗斯的手腕。"有些患者对这种状态非常担心，所以我想知道你是不是也会担心呢？"

　　妈妈低头看着自己苍白枯槁的双手放在特里粉红圆润的手掌上。

　　"我越来越瘦了，也越来越虚弱，我喘不过气来。我想这只能有一个结果。"她眨了眨眼睛，泪水流了出来。

　　"你的意思是？"特里温柔地问道，递给她一张纸巾，然后伸手握住姐姐的手。三人就像一排剪纸娃娃一样连在一起。妈妈说："我想我可能快不行了，我每天晚上都在想，你们中有人可能会在早上发现我走了。不管是谁，我都觉得很难过。我不愿意想象我会让你们那样伤心。"她用纸巾使劲地揉着眼睛。

特里瞥了一眼罗斯，她的脸憋成了粉红色，她咬着嘴唇，眉头因为强忍着不哭而皱了起来。他捏了捏她的手，然后转过头来问妈妈："妈妈，你担心这件事有多久了？"

"哦，有几个月了，"妈妈叹息道，"我的感觉很明显，但其他人好像都觉得一切挺好的。我不想去聊难过的事情，令你们不安，所以我们就一直乐呵呵的，不是吗？"她可怜地看着罗斯，罗斯吸了吸鼻子，对她微笑着。

然后罗斯说："妈妈，我不知道你这么害怕！"她倾身用手覆住母亲的手背，特里的手托在下面，三只手叠在一起。罗斯另一只手搭在特里的肩膀上，支撑住自己。一滴眼泪顺着罗斯的鼻侧流了下来，滴在床上。"你为什么不说呢？"

妈妈又把目光投向罗斯。"我当时是为了表现自己很勇敢，好孩子，"她说，"就像你一样，保持冷静，继续往前看，不去提它。我们之前就是那样应对的，对吗？"妈妈揉了揉罗斯的手，又握紧它们。"我想你的两个妹妹可能也有怀疑。"妈妈继续说，"但我觉得你并没意识到事情有多糟糕，罗莎琳德，所以我不想让你难过。"

一阵长长的沉默。妈妈靠在枕头上，闭上了眼睛。特里站起来，从床头柜上拿起妈妈的那杯冷咖啡，又拿起罗斯的杯子，说："我去厨房看看炖肉。"

"妈妈，谢谢你跟我们说这些，我们更理解你的感受了。如果你以后还想聊什么，我很愿意听你说。但现在，我觉得你得拥抱一下罗斯。"妈妈闭着眼睛微笑着说："我已经感觉好多了。心里揣着秘密是很孤独的。我一直希望觉得情况变差只是我的想象，一直希望我们说得很快就会好起来是真的。但我心里清楚，我的情况不好，我有时晚上非常害怕。"

　　罗斯跪在床边，搂着妈妈。特里走开了，让母女俩在"共知"的新世界里紧密相依。他知道爱会引导她们继续以新的方式沟通下去。还有许多的事情要做，许多的话题要谈，但那都是在"知"的地带了，而且时间还很充足。

　　焦虑情绪可能会让人失去行动力。大脑在思考未来可能发生什么事时，会列出一系列不理想的情况，有些其实不太可能发生。不好的预感可能关于疾病和死亡（特里的母亲）、家人去世的痛苦（大姐），还可能是其他日常的恐惧，如工作中的变化、亲友的安危、考试或工作面试。这些可怕的想法会引发焦虑、恐惧、害怕的情绪，还会引起由焦虑诱发激素造成的身体反应：肌肉紧张造成的身体僵硬、疼痛、头痛；心率加快、呼吸困难、口干、肚子里熟悉的"下坠感"；有些人还会恶心、呕吐、腹泻。焦虑在情绪和身体上都令人不适，难怪人们不愿面对自己的焦虑想法，选择逃避现实，什么也不做。

　　若能花时间思考自己的焦虑想法，我们就能仔细检验这些想法的本质：对未来的想象。仅仅因为我们这样想，并不代表这些想法完全是真的。令人不安的想法往往是头脑中的意象，只有一丁点儿的事实，被包裹在一大堆猜测之中。这些臆测让我们一下子跳到对事情会发展成最坏程度的解读上，忽视应对预期困难的可能办法，然后在脑子里想象未来的痛苦、难堪、不知所措的情景。

　　运用恰当的问题来帮助对方识别引起焦虑的想法，然后在他们检验这些想法时陪伴在那里，保持好奇和支持，这样做，我们能让他们将猜测和假设从事实中分离出来，然后着手制定应对的计划。当我们倾听他们的恐惧时，想要安抚和拯救对方的冲动会非常强烈。但这时，我们应该放弃自己的主导权。对焦虑的人唯一有力的支持，就是让他们自己找到解决问题的方法。我们的安抚也许能让他们缓解几分钟，但了解如何面对自己的恐惧并思考出解决方法，才是更有效的安慰。

　　焦虑是关注未来的情绪，是预测未来可能会发生不好的事。人们很难做到不理会那些想法。强迫自己不想，会让人陷入"悬浮的焦虑"：没有焦点，不知道该处理哪个具体想法。我们可以引导他们说出害怕的事情，比如问："可能发生的最坏的事是什么？""你最担心的是什么？""还有比那更糟糕的事吗？"；然后考虑这些想法会发生的可能性；还有如果发生了，他们可以靠什么应对，以及如何做准备。这样做，能让他们从毫无行动力的焦虑状态中解脱出来，行动起来去解决问题。比如制订考试复习计划，还有开家庭会议讨论亲人患绝症的事，都是解决问题的具体行动。行动让我们走出焦虑，走向应对之策。

与临终者沟通的技巧

经常有人问我："该怎么让我的父母、伴侣或年长的亲戚跟我谈他们未来的愿望？我不知道他们有没有想过这个问题。"一般他们会接着说，"我一想提这个话题，他们就让我不要说"，或者"我不想提出来让他们难过"。

深入挖掘这些问题往往会带来有益的发现。"我不想让他们难过"这个想法，假定的是父母没有考虑过自己的死亡。但 2018 年英国的一项大型调查发现，大约百分之九十的受访者都考虑过自己的死亡，而六十岁以上的人最愿意谈论临终之事。许多问过我该如何与年长的亲属交谈的人，也许会有兴趣知道，老年人或剩余时光有限的人也经常问我这些问题，但他们问的是如何让他们年轻的家人和可能比他们活得久的人愿意跟他们聊这个话题。我们都在努力不让对方难过，但这样却反而令彼此更难过！

以下有几条有用的建议，希望大家牢记在心：

邀请，而不要硬说。也许可以这样提，说有件事你想听听他们的意见。无论是关于你自己生命的尽头和你想说的愿望和嘱托，还是你想知道的他们的愿望，都可以提出来问他们的看法。有时，新闻故事或电视节目会触及某个主题，我们可以借这个引子继续讨论；而他们认识的人身上发生的事也可以提供切入点。

让父母还是父母。老年人通常很感谢别人的帮忙，但如果帮忙的人对待他们像对待不能自理的人，而不是虽不太灵敏但仍有智慧和经验的人，他们就会觉得自己被当作小孩子对待。如果父母是为了保护他们成年的子女，才不想谈疾病、死亡、葬礼愿望、护理场所，那么子女可以主动说出自己的担忧，可能会有帮助。没有善良的父母愿意让自己的子女担忧。

"爸爸，有件事困扰着我，不知道能不能和你聊一下。我担心如果你病得很重，医生可能会问我你想怎么治疗，嗯……说实话，我不知道该怎么说。我们可不可以坐下来谈谈，好让我安心？"这是一个对话的邀请，主题很明确。这是孩子对父母的请求，接下来就看爸爸的反应了。

我还听说过，成年的孙子孙女可以作为中间人发挥作用。年轻人和祖父母或其他长辈之间的纽带是非常珍贵的。曾经，当我们调皮捣蛋，做了不能告诉父母的事后，我们还可以找爷爷奶奶或其他长辈做靠山。事实证明，几十年后，这种关系倒过来也一样好用：那些比父母与子女的关系稍远一层的亲情纽带，可以用来促进沟通。

"妈妈，我知道谈这件事让你很难过，但外婆真的需要跟你谈谈她的葬礼安排。你能帮帮忙，坐下来听听吗？"

当然，这里的"父母"也可以替换成任何会因我们痛苦而担心的人。跟关心我们的人说我们有烦恼，他们就会想帮我们解决烦恼。他们帮助了我们，我们也就能反过来帮助他们了。

倾听、确认、记录。提前计划好我们在生命的最后阶段希望别人怎么照顾我们，这是明智且谨慎的做法。只有神仙才不需要为这件事费心。我们很可能到最后身体太差了，根本无法提出意见，所以提前计划好，告诉我们最亲近的人，并把计划写下来，都是非常有帮助的做法。嘱咐自己的要求时，让受托之人向你复述你说的话，以确保他们理解了对你来说什么是最重要的。你可以把这些事情写下来，或者让他们写下来。

除非你正式指定，否则没有人可以替你做决定。在英国，不同地区的法律略有差异，但大多数地区允许我们指定一个或几个代理人。如果我们丧失为自己做决定的能力，他们可以代表我们对我们的健康护理或生活安排做出决定。丧失能力可能是暂时的，比如只是病得不能说话，但之后会恢复；也可能病症是永久性的，例如脑部受伤或患有阿尔茨海默病。人们往往惊讶地发现，如果没有授权书，他们的近亲、六十多年的配偶或伴侣、最亲密的朋友都无权代表他们说话。指定代理人的程序并不复杂，申请表格可以在网上找到。公民咨询局、英国老龄协会（Age UK）和其他组织也提供相关的帮助和建议。

我们的代理人需要明白什么对我们最重要。我们可能希望拒绝某些治疗，但在有些情况下也可能希望接受某些治疗：有些人永远不会接受使用动物产品的治疗；有些人永远不会接受输血；有些人会拒绝使用呼吸机。我们可以用书面的形式准备一份"预先拒绝治疗的决定"（ADRT，简称决定书），只要在有人见证的情况下签名（见证人不需要阅读），那么该决定书就是有效的，遇到其中列明的情况，治疗就要遵照这份决定书进行。如果我们即使有生命危险也要拒绝某项治疗，那也必须在决定书中说明，以免治疗时忽略了我们的意愿。

我们很难把未来可能要做的治疗或护理决定想周全。我们可以在"决定书"中列出少数确定的要求："永远不做"或"只有在……的情况下才接受"，或者在给代理人的指示中写明这些要求，该指示中的事项都是代理人必须遵守的。对于所有其他无法预先想到的事，我们可以预先解释清楚自己的价值观和偏好，即什么让我们觉得生命有意义，这样代理人会更明白怎样做能尊重我们的意愿。当他们要做出健康或护理的决定时，可以看哪些选择能让我们以自己希望的方式活着。代理人需要听我们说，谈什么对我们而言最重要 ①，什么让我们感到幸福，什么让我们心情平静，什么让我们觉得活着值得。

　　要谈的事情很多，像这样的谈话可能要分几次才能完成。为了他人还有我们自己的未来，花时间和精力去弄清楚这些细节是值得的。这些谈话的内容对我们最重要，尤其是生活中美好的事物。这是一场值得期待的交流。

---

① 以下网站对"谈什么对我最重要"的谈话很有帮助：https://www.whatmattersconversations.org/.

17

如何传达那些不受欢迎的消息

没有人喜欢传达令人痛苦的消息。但有些时候，人们必须传达不受欢迎的消息。这个消息可能只是暂时性的打击，也可能是一场悲剧，还可能介于两者之间。传达者可能很难理解他们的话对接收消息的人有什么意义：有时，严重的诊断反而是一种解脱，因为它解释了不明症状的原因，确定了病情；有时，看似微小的挫折却能给人的希望和梦想带来压倒性的打击。

武装部队和警察肩负着一项艰巨的任务：联系家属告知意外的死伤消息，调查搜救失踪人员，并在调查过程中让他们的亲人了解事实。医务人员、护理人员和其他临床医生必须向患者家属传达病患重病或病亡的消息，而且通常是在意想不到的情况下。

收到消息的人随后可能要艰难地告知家人和朋友，这些亲友可能也会为这个消息而感到痛苦。但消息就是消息，事实是无法改变的。因此，沟通的方式要温和，要让听到消息的人能够接受和理解事实，尽管他们会承受巨大的痛苦；不要让他们过于震惊，这样会给他们造成更残酷的伤害。

2020 年发生的事和新冠肺炎疫情使医疗保健领域的沟通任务变得尤为困难。疫情防控需要医院限制访客。与以往不同的是，家属不能时刻陪在患者身旁，定期和医护人员沟通，表达他们对患者的情况不好、正在恶化或可能不行了等问题的担忧。家属不能来医院探访，患者的病情进展要通过电话或视频通话传达给他们的亲人，而打电话的工作人员通常并没有照顾重病患者或谈论死亡的经验。这种情况导致病患家属心烦意乱，工作人员也苦恼不已，造成两败俱伤的局面。

建立以仁爱为中心的沟通框架

英格兰和威尔士的国家医疗服务体系（NHS）希望能指导员工完成这些谈话，一部分临床医生便制定了一个框架，让护士、医生和其他工作人员能够有效掌握温和对话的技巧，尽量做到在谈话时关怀到电话另一端的人。我们使用了会话分析（Conversation Analysis）研究①的数据，这门学科主要分析临床医生和患者现场对话的录像。我们通过剖析医患互动的情境，以准确了解临床医生的行为、语言和沟通在哪些方面使患者觉得安心、有启发，又在哪些方面使患者觉得不安、受伤。这些研究资源让我们构建了一个框架②，用来指导人们如何以关怀的方式传达不受欢迎的消息。

在新冠肺炎疫情的情况下与患者交流有诸多障碍。当医院出于仁慈，允许一到两名家属探望濒死的患者，参与谈话的所有人都要戴上口罩。医护人员会穿着个人防护设备：在某些区域，要穿医用围裙、戴手套和护目镜；在另外一些区域，要穿全套防护服，还要戴防护面罩。人的面部表情大多看不清楚；由于隔着口罩说话音量偏大，声音也变得很生硬；握手本是简单的安慰动作，现

---

① 我们得到了拉夫堡大家 Real Talk 团队慷慨和专业的帮助。

② 该框架和沟通工具可在 https://www.ahsnnetwork.com/helping-break-unwelcome-news 上获取。

在也要戴着手套进行。

通常，我们会尽量面对面进行可能让人们痛苦的医疗谈话，而不是通过打电话来谈。如今，世界不同了，电话成了家属和医院工作人员或者社区医疗服务机构之间的主要联系工具。居家隔离的患者太多，社区医疗服务机构往往不堪重负。因为探视受限或被禁止，家人只能打患者的手机与他们保持联系，但呼吸困难的患者无法长时间说话，而管道输氧的噪声也让家人听不清患者上气不接下气的话语。许多人挺身而出，在医院里担任"中间联络人"。这些人里有医疗保健学生、资深的护士、联合医疗专业人员、接待员、社会工作者和心理学家。在养老院里，这副重担就落在了工作人员的肩上，本就处于封闭管理且没有外部支援的他们，更被压得喘不过气来。在帮助患者打电话或视频通话时，如果患者听不清楚或表达不清楚，中间联络人就要重复他们的话。中间联络人能够目睹家庭的温情和亲密时刻，而这些是我们之前很少接触到的。可见，辅助沟通的任务很有必要，但工作人员也会觉得打扰了别人，感到尴尬且不知所措，这个经历既珍贵又令人悲伤。

工作人员要打电话通知家属他们的亲人正在好转，但可能几天后却要打电话说他们的病情又开始恶化了。他们要向家属解释：患者呼吸非常困难，需要进行无创通气治疗，即一种通过紧密面罩提供高压富氧空气的机器治疗，来帮助挣扎的患者"呼吸"；他们要通知家属：患者由于无法再自主维持生命，即将被转移到重症监护室（ICU），接受药物镇静、插管和呼吸机支持等治疗。有时他们要解释，患者可能撑不过去了；有时他们要告诉家属，患者已经去世。他们每天都要与许多家庭进行许多次类似的、令人痛苦的谈话。

为这些谈话提供参考框架很重要。所有工作人员都想为患者和家属竭尽全力地提供帮助。我们要尽可能充满关怀地传达不受欢迎的消息，确保家属能消化这个消息，有问题就提出来，在痛苦中还能感到有人支持他们。所以，提供谈话框架的第一点重要原因是这个框架有助于完成温和谈话这项艰巨而重要的任务。但是，这些不断重复、消耗情绪的谈话给工作人员带来的情绪负担也十分令人担忧：我们希望同事们保持健康的心态，不要垮掉。提供谈话框架的第二点重要原因便是：我们希望工作人员觉得他们使用的方法是固定的，能帮助他们、指导他们，并且有助于他们在督导和互助会议上反思和回顾。就像本书一样：以自成系统的语言，提供指导谈话的原则。

谈话框架包含一些我们熟悉的技能，很多书都介绍过：仁爱，以及如何在戴口罩或打电话的情况下表达共情；用问题，了解对方知道什么，以及他们觉得未来可能或不可能发生什么；请对方说出对病情发展至今的理解，好让他们明白那个不受欢迎的消息是有可能发生的；在传达最新的消息时，使用简单的语言；在对方接受消息和理解其含义的过程中，用沉默和简短的话来表达支持；用问题来帮对方决定在结束通话之后该做什么，并根据需要提供信息；以仁爱的态度结束谈话；还有，结束谈话后花一点儿时间进行自我关怀。谈话中有两个人，他们在谈话结束后可能都会感到难过。当同事忙碌的时候，自我关怀显得很奢侈，但如果我们都愿意给彼此一点儿恢复时间，大家都会受益。

新冠肺炎疫情期间，我是指导团队中唯一没有参与患者护理的成员。我回到国家医疗服务体系的职责是给员工提供支持。没能在病床边工作，没能在那些敬业而疲惫的团队中工作，我感到既难过又释然。我的经验和关怀会通过其他人的声音传递出去：我去不同的医院探访，倾听他们的故事，收集我需要的信息，以便更好地支持他们。在这个过程中，这支虽然担惊受怕、疲惫不堪，但仍坚定地践行仁爱和关怀的工作队伍，让我备感钦佩。

一个又一个人，一个又一个团队，都谈到了反复提供不受欢迎的消息、讨论糟糕的预后、描述临终状况的任务是多么的繁重。我在退休前一直热情地从事姑息治疗服务，我们为员工设计了专门针对这些谈话的沟通技巧培训。这些课程就是为刚刚获得从医资格的新人设计的：刚执业的护士；以及为了支持新冠防疫工作而提前注册的医生，他们在几周前还是医学院的学生。课程反响十分热烈：我们收到很多申请，从最没有经验到最有经验的工作人员都参加了。大家都想一起思考如何处理这些沉痛和脆弱的对话，一起在保持社交距离的演讲厅里练习沟通技巧，分享经验和智慧。员工在技能练习环节，能实践正确的做法，这样他们就不会太焦虑；如果他们的做法有问题，也正好能找到挽救方法，反而对他们更有帮助。在演讲厅里，同事们互相支持，一起练习技能，而他们的机构也支持他们从忙碌的临床工作中抽出时间参加课程。在这样的双重支持下，他们磨练了温和谈话的重要技巧。学跳舞时，我们只有练习舞步、犯错、学会让自己不绊倒和转身时保持平衡，才能在不断练习的过程中越跳越好。学习沟通也是一样的过程。跳这种最不受欢迎的舞蹈时，以仁爱为中心的框架就是音乐，跟随着框架的指导，工作人员就能专注于"体贴地告知事实"，而这就是传达不受欢迎的消息的要义。

梅根用爱抚慰丧亲者

2020 年夏天，当我在医院里四处走动时，最令我不安的感受便是沉默。当我还是新入职的医生时，我曾经很喜欢夜班的寂静：在高大的维多利亚式走廊里，镶木地板上回荡着夜班护士查房的脚步声；从灯光昏暗的病房走到急诊室的路上，走廊上灯火通明但一个人也没有；值夜班时，医院的寂静令人安心。如今在白天，这种寂静却非常诡异：没有焦急困惑的访客问路；没有疲惫的门诊患者寻找 X 光室或甜品店；没有护工一边推着坐轮椅的患者在科室间移动，一边欢快地和患者聊天。工作人员很少，每个人都被限制在各自的区域；他们待在紧闭的门后面，在夏天的高温下裹着个人防护设备；病房入口处有生物危险的标志和黄色胶带：这一切无一不在严肃地默默提醒着人们，只要进入医院大楼就是危险的，那里住满了病入膏肓的人，他们的身体产生了数百万病毒颗粒，并不停地把病毒咳到医院的空气中。

一位女子正沿着洒满日光的走廊从远处走来。她穿着手术服，脸上戴着口罩，面罩被她掀开了，像太空时代的光环一样装饰在她头上。走廊里并没有其他人，她向我招了招手，但直到她走近我才认出她来，是梅根。我记得她几年前是在我们姑息治疗小组实习的学生护士。现在她已经取得了资格证，正经历着可能是她整个职业生涯中最困难的一年。

"哦，见到你可太高兴了！"当我们的距离近到可以隔着口罩清楚交流时，她说道："我是来参加沟通技巧培训的，我有一个问题，能占用你几分钟时间吗？"答案显然是肯定的，我转身，和她一起向咖啡厅走去，她打算在那里休息二十分钟。"护士长让我们都离开病房，去休息，"梅根解释道，"我们应该两人一组，但今天人手不够，有人生病了。"隔着口罩我们很难看清彼此的表情，但她看到了我挑起的眉毛，急忙向我保证，生病的人并没有感染新冠病毒，只是得了重感冒。她补充道："但如果你流着鼻涕和眼泪，确实没办法戴着口罩连续工作几个小时。"

咖啡厅向员工免费供应饮品。柜台服务员名叫"简"，她从我来到这个医院时起，就一直在照顾大家，贴心地给我们做饮料。简在柜台后为我们制作咖啡。我们在柜台旁等待着，戴着口罩，间隔一米。然后我们分别拿起自己的咖啡，来到一张桌子旁，椅子相隔两米。我们瘫坐在座位上，摘下口罩。我觉得我们的距离太远了，简直是无法社交的距离。梅根的鼻子上磨出了水泡，她在病床边护理时必须穿戴全套的个人防护装备，戴的口罩也更硬。鼻子和颧骨上受损的皮肤在医院里已经很常见了。当医护人员戴着口罩工作时，伤口就被隐藏起来了，但当他们下班后摘下口罩，呼吸外面的空气时，伤口就显眼地露了出来。

"那个沟通框架，"梅根开门见山，"提供了说话的顺序，真的很有帮助。但是，但……如果我说话的时候很难过怎么办？"她凝视着我，眼眶里噙着泪。"理论上吗？"我问她，但心中已经感觉到了答案，"还是你真的遇到了这样的情况？"

她抿了口咖啡，然后慢慢地在桌子上转动着面前的纸杯，边说边盯着里面的泡沫。

"大约一个星期前，我们有一位患者。他和我爸爸同龄，六十岁出头，在大学里做园丁，帮忙维护商业街附近那个华丽的花园。你知道那个地方吗？"我知道，我和朋友们都在那儿拍过毕业照，这是有百年之久的传统。那是一条横跨大学校园的公共人行道，城市居民和大学师生在这里相会，是个宁静的地方。红砖建筑之间的景观花园从华丽的拱门出入，是隔绝了喧闹的商店、嘈杂的大学和交通噪声的静谧之地。它在城市的中心，树枝沙沙作响，鸟语花香。

"他在家里就已经喘不过来气了，是坐救护车来的，来的时候他咳嗽、出汗、疲惫不堪。他没有意识到他的妻子不能和他一起上救护车，一定是他在离开家里的时候身体太差了，所以没注意。吸上氧后，他稍微清醒了一点儿，才想到他没和妻子告别。他到了我们的病房之后，通过高流量吸氧，情况还不错。我告诉他，我们把他安顿好以后，就可以让他用无线网络给他妻子打电话。"

我点点头。梅根继续说道："他躺在床上，戴着氧气面罩，体温很高，但脉搏和血压都很好，血氧水平在 80% 左右。不过我知道这还是不乐观，他的病情需要让医生重新评估。然后我脱下个人防护装备，去交我的报告。紧接着我的传呼机响了，我得知他不行了，医生正在给他插管，而那时我能想到的只有'他还没和他的妻子说上话。'"

她停顿了一下。咖啡凉了，她继续转着杯子，用这个小动作来驱散心中的痛苦。"然后，他被送去了重症监护室，其实并不是真的监护室，是旧的烧伤病房，因为带呼吸机的患者太多了，只能用那个房间。我护送他过去，当我把他交给那里的护士时，对方问他的家人知不知道他的情况，然后，"梅根停下转动杯子的手，抬起头，隔着两米长的桌子，说，"我知道必须得我去说，因为他只跟我说了他妻子的事：她在院子里最喜欢的玫瑰，他们还没有说再见。所以我说我可以做这件事，重症监护室的护士说那很好，他会和我一起，回答关于患者的任何问题，再有新消息的话，重症监护室的医生会给患者的妻子打电话。"

她继续说道："他们把'不受欢迎的消息沟通框架'钉在护士站的墙上，打电话时可以随时参考。我们一起顺了一遍流程。打电话时主要是我来说，护士会辅助我。我们知道，必须要告诉他妻子已经发生了什么，还要告诉她之后会有新的消息。然后我就打了电话，在开头说了我的名字，说我是从医院打来的，问她是不是患者的妻子，还问了她的名字，她叫珍妮弗。他一直叫她'珍'，但可能只是昵称。我通常不知道怎么开始进入话题，但这次我按照框架上说的，让她说出已经知道的事，真的很有帮助。她说她觉得她丈夫得了新冠，因为他咳嗽得很厉害，还因为发高烧而喘不过气来后，于是她叫了救护车，然后……"她又低头看着杯子，好像看到它在桌子上很惊讶。

"再喝口咖啡吧，梅根。"我建议道。这其实算不上正经的休息时间，我们在做其他的事情，但这也是很重要的事，所以我不想催她。她喝了几口咖啡，然后继续说道：

"所以珍妮弗跟我说他病得很重，她很担心他。她讲到救护人员说他得到医院去。然后她说……"她又眼含泪光，"她告诉我，有位护理人员对她说'你想在他走之前给他一个拥抱吗？'她说他不喜欢大惊小怪，所以她就去给他拿睡衣了，与此同时，他们用手推担架把他推出门外。当她拿了衣服回到门口时，他们正在关救护车的门，她意识到她还没有说再见。"

梅根深深地叹了口气，嘴角颤抖着，然后眼泪簌簌地落了下来。尽管她很难过，但还是坚定地继续讲道："我知道这很重要，所以我告诉珍妮弗，她也很担心自己没有说再见，他本来要给她打电话，但他病得更重了，现在我们把她丈夫送到了重症监护室，好用呼吸机来帮助他呼吸。你知道珍妮弗说了什么吗？她说她并不惊讶，因为他离开时情况看起来就很不好。然后，"梅根大声地吸着鼻子，清了清嗓子，"然后珍妮弗问我，他会不会死？"这次梅根停顿了很长时间，我等待着。梅根又在转动杯子，摇着头，好像在心里跟自己较着劲。

"然后呢？"我小心翼翼地问，又沉默下来。

"然后我哭了起来，"她说，"我感到自己又软弱又愚蠢。我是专业人士，应该有专业人士的样子，而且我还和病房的护士坐在一起，他肯定经常要打这样的电话。我只是太为他们感到难过了。"

我们之间的两米距离仿佛同时向两个方向延伸。像在《爱丽丝梦游仙境》里一样，我感到桌子在拉长，把我们推开，梅根好像离我很远很远；我还感受到她悲伤的重量，好像那悲伤也占据了我的心。我只能在允许的距离内与她并肩坐着，等待着。我知道，目前坐在停车场的患者家属，想都不用想就会接受两米的距离，因为他们现在连进入医院看望亲人都是奢求；我也知道，梅根的悲伤和我们的眼泪，都是因这强制的分离而导致的。特殊时期的这项规则在医学上非常合理，但却把我们的心撕碎了。

为了向她表明我在听，不仅听她说的话，也听到了话语背后的情绪，我向梅根重复道："你跟患者的妻子谈话，她告诉你在她看来情况非常糟糕，糟糕到她问你他会不会死。她的问题让你难过流泪。然后，你觉得自己没做好，感到很沮丧。我说的对吗？"

梅根点点头，擦了擦眼睛，又用她从柜台上拿的餐巾纸擤了擤鼻子。

"我道了歉，因为我哭了，"梅根告诉我，"我是说向患者妻子道歉，我没去看那个护士。但后来他递给我一盒纸巾，不知怎么的，这让我觉得不那么……不那么不专业，不那么愚蠢了。"

我点了点头。我曾在医院的重症监护室工作过，为患者、家属和工作人员提供医疗支持。人们的情绪是一样的，护理人员的心也一样脆弱。我想到我在重症监护室的同事，他们习惯于把重病的患者从死神面前抢回来，用技术、技能和护理让器官衰竭的患者支撑足够长的时间，创造康复的奇迹。他们是拯救生命的能手。但在新冠肺炎疫情期间，他们看到的死亡人数是以前从未遇到过的。护士站自然要放一盒纸巾。

"我告诉珍妮弗，她丈夫目前看来是安全的，重症监护室团队完成评估后，会有其他人给她打电话，让她了解最新情况。然后她说，"梅根的眼泪又溢了出来，她的脸因为想忍住不哭而扭曲起来，"她说，她很高兴有人会为他们俩哭泣，她觉得很放心，我们会替她'爱'他。噢！"她说到"爱"就完全停了下来，把头埋进放在桌子上的双手里。我看着她的肩膀不断起伏，她在桌子的另一端啜泣，隔着无法触及的距离，我的眼眶也噙满泪水。最重要的东西，我们往往只是一带而过。但最终，令所有人心碎的正是这些病床边空缺的家人的"爱"，以及我的同事为弥补这一空缺而献出的"爱"。

"我很抱歉，"梅根说完短暂地抬起头，然后又低下去，"整个星期，这件事都在我脑子里转来转去。我一直听到她的声音，说她很高兴我们会替她爱他。"

"我在听她说话时也努力做了一些深呼吸。她不停地说她爱他，我说我们会尽全力，而且重症监护室团队会跟她保持联系。然后我们说了再见，框架上说打完电话要'自我关怀'，但每次想到这些，我还是会哭。"

"梅根，"我努力地保持声音稳定，"我们开始交谈时，你说你的担心是，当我们不得不传达艰难的消息时，自己太难过了怎么办。你刚刚讲的故事太令人心碎了。我能问你几个问题吗？"

她抬起头，用悲伤的目光注视着我，抿着嘴唇点头表示同意。

"第一个问题是你在跟我讲这件事时，有没有说到问题的答案？"梅根用手托住下巴，目光越过我看向咖啡厅的窗户，考虑着她的答案。我看着她的脸，她的眼睛闪烁着；她在脑中解开内心的想法，然后重新排序；最后她挺直了背，叹了口气道："我说到了，是他的妻子告诉了我答案，对吗？我哭了，她感到安慰。她并不在意我是不是表现得不专业，她只在意有人在为她的丈夫着想。实际上，我哭了反而帮助了她。"

阳光洒进来，铺满我们中间的桌子，我们都没有继续说话。我们本身的脆弱并不是弱点，而是一个交汇点，是我们对他人的痛苦完全展露人情味的地方。梅根是那对终身伴侣之间的桥梁，他们可能再也没机会说再见了，但她成为他们之间的联系，替他们表达了对彼此的"爱"。

"这至少是你第二次用'不专业'这个词了，梅根，你是怎么想的呢？"我问她。她把头侧放在手掌上，朝着充满阳光的窗户眨着眼睛，缓慢地答道："嗯，我想在我们自己的病房里，我不会觉得那么慌张。因为我当时在重症监护室，他们看起来总是那么聪明，那么有把握，那么专业，跟我相比。"

"但那盒纸巾呢？"我问她，她笑了笑，说："对，事实证明，他们也会哭。那个重症监护室护士叫萨米尔，他每次换班后都会跟我联系，让我知道我的患者……嗯，他的患者……我们的患者，仍然活着。我知道现在说什么还太早，而且也无法作出保证。但我开始想，这个患者可能会回到我的病房，而且之后可能会出院回家。"

梅根的休息时间结束了，她必须穿好个人防护装备，回到忙碌而闷热的病房。我看着她离开，给她一些时间，让她在咖啡厅和病房之间的路上自己思考。在我听来，她完成了一项了不起的工作。谈话的力量不在于梅根说了什么话，而在于她向那位痛苦的妻子传达了什么信息。梅根先让这位妻子说出自己所预感的现实，即自己的丈夫病得很重，这样就直接进入了可以讨论最重要事情的地方。所以，最重要的不是脉搏频率和血氧水平，而是爱。

18

如何坦白最残酷的真相

有的时候，人们要知道的信息可能会令他们震惊或担忧。最好的做法，不是直接告诉他们未经过滤的信息，而是让他们在已知的基础上添加新信息。想要做到这点，我们必须仔细倾听，在勾勒事情整体轮廓的同时，去了解他们已经知道什么、想知道什么，以及他们担忧的是什么。

渴望了解原生家庭的阿什利

阿什利有一个问题，他不确定该问谁。他今年十五岁，渴望成为摇滚明星，明年夏天他要参加国家考试。他的吉他弹得不错，自从变声以后，他动人的歌声也让家人十分惊异。他是铿锵有力的男高音，唱假声时有很好的声线，在摇滚学校的夜班课堂上，他的表现令人惊叹。人人都想知道他的音乐天赋是从哪里来的，他自己也想知道。

但他能问谁呢？阿什利从三岁起，就与他的寄养家庭生活在一起。虽然寄养程序很复杂，但他很幸运。他原本只需要短期寄养三个月，所以来的时候只带了睡衣和一些尿布，但那时这个家庭已从短期寄养转为长期寄养的模式，所以，十三年后他仍然在这里，安全地被爱和善意所包围。这个家庭也很尊重他身上专属于青少年的界限感。他的原生家庭被禁止与他联系：他的亲生父母都因为没有好好照顾他而在监狱服刑。他会收到外婆寄来的圣诞卡和生日信，但对他来说，"家人"是多年前迎接他来到这个家庭的妈妈、爸爸、哥哥格雷厄姆和马尔科姆。虽然从法律上讲，他选择称为"爸爸"和"妈妈"的肯和希拉是寄养照料人而非亲生父母，但阿什利认为自己是这个家庭中不可或缺的成员。他的两个哥哥都结婚了，且都是运动健将，一个是半职业足球运动员，另一个是长跑运动员。阿什利不喜欢运动，不喜欢动得太快，不喜欢感到寒冷或大汗淋漓，也不喜欢户外活动。但是，他热爱音乐，他是家里唯一有音乐天赋的人。

　　和其他寄养儿童一样，有一位社会工作者专门负责阿什利。阿什利的负责人换了一任又一任，帕斯卡尔是最新的一位，阿什利很喜欢他。帕斯卡尔来自英国和加勒比的跨文化家庭，是一名音乐演奏者。正是帕斯卡尔向阿什利推荐了现在深受阿什利喜欢的摇滚学校，因为帕斯卡尔在那里做导师。最近，摇滚学校在当地乐队学院的音乐厅，举办了一场汇报音乐会，阿什利的乐队是主角。阿什利的哥哥和嫂子都来支持他，他们的父母虽然被家里的青少年摇滚明星禁止到场，但还是偷偷地溜进来在后面观看，并对他表演的力量和信心感到惊讶。

　　这天晚上，阿什利在摇滚学校下课后，还留在那里闲逛，他想装作不经意地撞见帕斯卡尔。这比听起来要难得多。帕斯卡尔二十多岁，体格健壮，还爱好音乐，身边有很多仰慕者。阿什利决定在帕斯卡（帕斯卡尔的昵称）的车旁等着，他在帕斯卡尔家访时记住这辆车的。

"你好啊，阿什①！"帕斯卡尔欢快地朝他打招呼，然后打开后备厢，把吉他盒放了进去。

"你好啊，帕斯卡。"阿什利回应道。

"需要帮忙吗？"帕斯卡尔问道，"你自己回家没问题吗？"阿什利点点头，帕斯卡尔等着他开口。遇到吞吞吐吐的青少年，沉默是帕斯卡尔的一贯做法。

"帕斯卡，我可以看看我的寄养文件吗？"阿什利急忙问道。他终于说出来了，他感到如释重负，很想哭，觉得自己背叛了养父母，但又充满好奇。对于一个十几岁的孩子来说，这些情绪太复杂了。

"哇，这可是件大事！"帕斯卡尔说，他意识到这是一次需要非常认真对待的谈话，"你考虑这件事有多久了？"

"好多年了，"阿什利承认道，"但最近更频繁了。我只是想知道我像谁。我不像我现在的家人，你知道吧？所以，我像谁呢？"

在帕斯卡尔的职业生涯中，有过很多次类似的对话。他不可能把每个服务对象的家庭史都记在脑子里，但阿什利的生父犯下了非常残忍的罪行，所以帕斯卡尔记得一些细节。这对于一个十五岁的孩子来说，会很难接受。

"你问过你的爸爸妈妈②吗，阿什？"帕斯卡尔问道。他知道，要是阿什利在听到自己的原生家庭那令人难受的真相时，有爱他的家人在旁边支持他，那么谈话会进行得更容易一些。

---

① 阿什利的昵称。——编者注
② 英国的寄养和收养制度将正式的"父母"一词保留给原生家庭或收养人。在实践中，许多寄养儿童把他们的寄养照料人视为父母，他们可能会叫寄养照料人"妈妈"或"爸爸"，无论是出于喜爱还是为了听起来跟他们的朋友和同学一样。

"我们有时会聊到,"阿什利说,"这不是什么秘密。但我们上学期在生物课上学了一些关于遗传病的知识,有些内容一直在我的脑海中挥之不去。我怎么知道我的家庭中是不是有那样的基因?如果我有了自己的孩子,我会不会是个没用的父亲呢?如果当不了好爸爸是遗传的呢?或者如果我可能得了什么病,需要治疗怎么办?还有,为什么我的歌唱得好?"帕斯卡尔把这些问题先搁置一边,等着看阿什利是否还有其他的担忧会冒出来。见阿什利再没说话,于是帕斯卡尔说:"好吧,有些事情确实需要弄清楚,阿什。不如这样,你先跟你爸爸妈妈聊一聊,等你准备好了,可以让他们联系我,我们再查文件。"

阿什利不耐烦地点点头,说:"好吧,那就下周吧,怎么样?"

帕斯卡尔笑着说:"嘿,你这个急性子!我尽快,但不能保证。记住,我也要和你爸爸妈妈谈。"阿什利翻了个白眼。帕斯卡尔又笑了,"这是规则,阿什。你懂吧?我要按照法律规定的程序工作的。"

"你本来想对他们保密吗?"帕斯卡尔补充道,这次他很严肃。阿什利摇摇头,说:"不,他们得知道。他们已经知道一些了,对吧?他们并不想阻止我寻找答案,但他们不知道那些遗传学上的答案,他们不知道我像谁。"

"好的,"帕斯卡尔边向驾驶座的车门走去,边说,"你和他们聊聊,然后让他们给我打电话或发邮件,约时间见面聊你的文件。好吗?"

阿什利突然看起来像一个小孩子一样乖巧,说:"谢谢你,帕斯卡,真的很感谢。"

"不客气,阿什,"帕斯卡尔回答道,"你今晚表现得很好啊,小伙子,你真的唱出了那首歌的摇滚灵魂。"阿什利笑了笑,把自己的吉他盒背到肩上,然后回家去了。帕斯卡尔看着他离开,随后陷入了沉思。对阿什利来说,这将是一次艰难的旅程——真相已经等了他十三年，现在是时候揭开它了。

　　开车回家的路上，帕斯卡尔一直都在思考。通过留出空间和提简单的问题，他让阿什利想清楚自己是认真想要寻找答案的。在公共停车场保持轻松的语气也很重要。帕斯卡尔巧妙地控制了两人的互动节奏，使这次谈话没有在那个不合适也不安全的时间和地点，过早地进入深层和情绪化的领域。帕斯卡尔还提醒阿什利，虽然自己愿意帮忙，但他们必须遵守一些程序。他知道阿什利的寄养照料人是专业且善良的，他们爱阿什利，阿什利也爱他们，这对于一个出生环境如此恶劣的孩子来说无疑是幸运的。但对阿什利来说，发现自己的原生家庭曾经充满对自己的忽视和残忍的对待，他将会很难承受。

　　正如帕斯卡尔所料，没过多久他就收到了邮件请求，然后他查看了阿什利的档案，安排好了家访。这是一次晚间访问，他到访后发现，希拉看起来很焦虑，而肯却很安静，只有阿什利看起来十分兴奋。

　　帕斯卡尔邀请道："好，阿什，在我们开始之前，先说说你能记得的、别人告诉你的、关于你原生家庭的情况。然后，我们会补充额外的信息。"

　　阿什利讲了他听到的情况。他有一本由希拉制作的人生故事书，里面讲了他的故事。希拉这位尽职尽责的母亲，每年都会更新这本书。在过去的几年里，阿什利也为那本书的更新做了贡献。他从手机中挑选了一些照片放在书里，照片里都是他想记住的时刻。他从三岁起就一直在听这个故事，随着年龄的增长开始读这个故事，后来自己也能讲了。他非常熟练地讲着自己的故事。

　　"我知道我是在克劳布里奇医院出生的，我的生母当时只有十五岁。一开始她打算让人收养我，但后来又改了主意。我们和她的妈妈住在一起，就是那个有时给我写信的希拉里外婆。我想，有一段时间我们生活得还不错。但后来我的生父出现了，他比我的生母年纪大。他总是要求我的生母去和他一起生活，最后她答应了。"

"然而他们并没有好好照顾我。外婆常常把我带回她家住几天，好让他们休息一下。外婆觉得我有点儿瘦，就带我去了婴儿诊所。诊所的人说我吃得不够。于是，一个护士叫来了一个卫生什么的人……"阿什利有点儿想不起来了。"卫生巡访员。"希拉安静地提醒道。"对，卫生巡访员，开始访问我亲生父母住的公寓，然后他们说我的亲生父母没有好好照顾我，然后好像有更多的人参与进来，我就被送去了外婆家，一直和她住在一起。我的亲生母亲必须去外婆家才能见到我，但我的亲生父亲被禁止去外婆家。当时我还很小，所以这些事我一点儿也不记得了。"

"你讲得很好，阿什，"帕斯卡尔说，"你还知道些什么呢？"

"后来我的生父离开了很久，超过一年吧。我当时大概一岁。我的生母搬回了外婆家，我们三个人住在一起，卫生巡访员和其他人好像都觉得这样更好。"

"但在我两岁时，我的生父回来了，又让我和我的生母搬到他那里去住。很多人都担心他对我们俩不好，外婆也一直告诉别人我们不安全。最后，卫生巡访员说我不能和我的亲生父母待在一起，我就来到了现在的家。我想卫生巡访员觉得我可以在这儿住一小段时间，等到家里的情况好转再回去。但那边的情况并没有好转：我的生母不知道怎么照顾孩子，我的生父说外婆干涉他俩的生活，然后他做了一些坏事。后来卫生巡访员就说我要一直住在这里，事实也是如此。"

"我知道我亲生父母的名字：杰姬和罗斯。我的人生故事书里有一些他俩的照片。杰姬看起来只有我现在这么大，难怪她根本不知道怎么照顾孩子。说实话，我有点儿替她感到遗憾。但罗斯看起来是个正常的成年人，他应该多帮帮她。所以，我想我很幸运，能在这里有一个温馨的家庭。"

　　阿什利停了下来。帕斯卡尔等待着，观察着希拉和肯的脸色——他在阿什利讲故事的过程中就一直在观察他们。希拉和肯正看着阿什利，鼓励性地点头。这对夫妻已经做得很好了。这个年轻人在他的新家庭中很安全，但如果他觉得准备好了，还有一些细节可以填补他的背景故事。

　　"故事差不多就是你说的那样，阿什。但还有一些缺漏，不是吗？比如，你生父离开的期间做过什么，还有你外婆担心的事情。你有没有想过可能发生了什么？"

　　"我想也许他在很远的地方找了一份工作。我不知道他是做什么的，也许他出国了。"

　　"你能感觉到罗斯是个什么样的人吗？"帕斯卡尔问道。希拉紧握双手，肯也抿紧嘴唇。阿什利坐在那儿，低着头，盯着他的指甲，然后叹了口气。

　　"他不是个好人，对吗？我的意思是，以他的年龄，不应该和一个十五岁的孩子发生关系。而且他似乎想让所有的事情都按照自己的意愿来发展。在我小时候，妈妈经常给我讲我的故事，我曾经觉得他想让我和我的生母都和他一起生活。但我已经长大了，我能意识到他只想要她，他从来不想要我。对他来说我肯定是个麻烦。"

　　希拉眼睛发红，眨着眼睛忍住眼泪。在过去的十三年里，希拉跟阿什利讲述了他过去的事，在他提问时逐渐加入新的信息，并在多年来整理出一个在重复中不断完善的剧本。她知道那些事实是可怕的，她努力给阿什利描述出一个准确的背景故事，但没让他知道他的生父有多么失败。但她知道现在该讨论的是什么，她想象着这个热爱生活的小伙子，逐渐发现他曾经被当成一个"麻烦"。这是那个不负责任的坏人对阿什利造成的进一步伤害，她愤怒地想。母爱压倒了她对罗斯本人早年悲惨生活的同情心。听着阿什利把这一切说出来太让人难过了，但是，倾听是接下来要做的事情的基础。通过倾听，这三个成年人让阿什利能够重新梳理和讲述自己的故事。恰当的问题会给他铺好踏脚石，让他走向那个令人难过的真相。他们不会直接把赤裸裸的事实说出来，而是给阿什利一些小的真相，让他在自己的故事里填补空白。肯伸出手来，握住希拉的手。自从阿什利的长期安置得到确认，他们变成他的长期家人，而不只是短期照料人时，他们就知道这一天会到来。

"一个麻烦，"帕斯卡尔重复道，"你觉得是这样吗？"阿什利点点头，然后正视着帕斯卡尔。"他不知道怎么做父亲，对吗？不像我的爸爸，"他朝肯点点头，"爸爸总是在我们所有人身边，他总是想着什么对我们最好。他对待我和哥哥们，都是一样的。他是一个真正的父亲，是可以依靠的人。我希望我有他的基因，我想成为他那样的人。"听到阿什利这样公开宣布自己对爸爸的钦佩之情，肯感到很慌张。而肯只是朝阿什利点了点头，说了句"谢谢你，儿子"，然后咬紧牙关，忍住了眼泪。

"我能看出，你开始从你早年的生活故事的字里行间读出细节了，阿什，"帕斯卡尔说，"这个故事都是真的，但你也知道，它不是全部的真相。你还想过哪些事情呢？"

阿什利握紧拳头。他抬起头看了看周围的成年人，问道："他伤害我们了吗？罗斯伤害了杰姬和我吗？"

现场一阵寂静。帕斯卡尔问："是什么让你产生怀疑的呢，阿什？"

"那些人认为我们不安全，"阿什利说。"我小的时候，以为那是因为公寓太高了，婴儿在公寓里爬来爬去不安全，可能会从窗户掉下去。但'不安全'

并不是那个意思，对吗？而是，关于家庭暴力，对吗？"阿什利等待着答案。帕斯卡尔只是简单地说："对，阿什，就是这样。你还记得什么吗？"

阿什利摇了摇头。"我完全不记得他们了，即使看照片也想不起来，真的。但我记得希拉里外婆。我记得她家的门边有一只猫的塑像，就像一个门挡，我总喜欢和它说话，假装它是真的猫；我记得她的花园里还有个沙坑，有一次我的眼睛进了沙子，她一边给我唱歌，一边给我的眼睛冲水，把沙子冲走；她还总是给我唱歌……"

"对，她总是给我唱歌，"阿什利的拼图中又有一块新内容找到了对应的位置。

"听起来那是一段快乐的回忆，阿什。你还有其他的记忆吗？"

"没有关于罗斯或杰姬的，一点儿也没有。"

"你刚来的时候很怕黑，"希拉说，"希拉里外婆送来一个小夜灯，里面有小老鼠的那个，因为你在她家住的时候很喜欢它。你还记得吗？"阿什利微笑着点了点头。"我忘了那是希拉里外婆送的，"他说，"但我小的时候很喜欢它，对吧？"

"阿什，你提到了家庭暴力。但你不记得任何具体事件或者害怕的感觉了，对吗？"帕斯卡尔问道。阿什利完全找不到关于公寓的任何记忆，也记不清罗斯的脸和声音。

"你说过罗斯离开了一年。你有没有其他想法，想他可能去了哪里？"

阿什利深深地叹了一口气，问道："他在监狱里吗？"帕斯卡尔说："是的，阿什。他在监狱里，因为他伤害了杰姬，所以被羁押了三个月，然后他又服刑了九个月。所以那个时候你和杰姬搬回你外婆家住了。"

"他出来后，就去强迫杰姬回到他身边？"阿什利问。

"正是如此。所以大家非常担心你和杰姬的安全。他的脾气非常不好，一生气就很暴力，甚至殴打杰姬。卫生巡访员认为，你哭的时候他会掐你的腿伤害你，所以你身上有瘀伤。为了保证你的安全，你就被带到了这里。"

"他们俩被关在一起吗？"阿什利问。

"有一段时间在一起，"帕斯卡尔回答，"但是调查显示，他伤害了你们两个人，而且当卫生巡访员来检查时，杰姬撒了谎，所以他又进了监狱，"他停顿了一下，"杰姬也在监狱待了一段时间，刑期不长，因为她的行为有一部分是出于恐惧。但当你安全地来到这里时，他们都被逮捕了。负责这件事的部门开会决定，为了你的安全，你需要远离他们，而且你应该在一个充满爱的家庭长大。你确实值得一个充满爱的家庭，阿什。"

阿什利把脸埋在手中。他静静地坐着，不说话。他的爸爸妈妈看着他，沉默而焦急。这对他来说一定太难以承受了。

"还有谁知道这一切？"阿什利问道。希拉说："只有你爸爸和我，但我们不知道细节。我知道他们被送进了监狱，其他的就不知道了。后来报纸上刊登了这个案子，我们才知道了更多信息。我真不相信有人会伤害你。"

"你的哥哥们只知道你是个需要家庭的婴儿，他们知道这些就够了。他们想留住你，我们也想留住你，我们会永远在一起，阿什。你是我们的孩子，我觉得你一直都是我们的，尽管你来的时候已经快三岁了。但我们都爱你，我感到很幸运，你是我们的儿子。"阿什利从座位上站起来，伸直他长长的身体，倾身拥抱他的妈妈。"我知道，妈妈，我也爱你们。即使在我脾气不好的时候，也一样。"他紧张地笑了笑，然后退后坐了下来。

"脾气不好不算什么，"肯说，"在你哥哥们十几岁的时候，我们已经练习过怎么和坏脾气的青少年相处了。跟暴躁的格雷厄姆相比，你就是只小猫咪！"他们都笑了。阿什利的大哥是出了名的坏脾气，最爱在吃早餐前紧皱着眉头。

帕斯卡尔拿起他的包，拉开拉链。

"好啦，阿什，你的档案里再没有什么令人惊讶的事情了。当然，档案原件必须存放在办公室里，但我这里有相关信息的副本。还有什么你想问的，需要我们再仔细讨论的吗？"帕斯卡尔将一个薄薄的文件夹放在自己的膝盖上。

"这就是关于我的全部资料吗？"阿什利难以置信地问道。

"这不是你的资料，阿什，这只是我有权分享的信息的影印本，"帕斯卡尔说，"现在，你有什么问题呢？你需要先休息一下吗？"

"我给大家煮点儿咖啡好吗？"希拉问道。每个人都同意了，阿什利走进花园里，呼吸着新鲜空气并顺便思考着，而肯安静地坐在帕斯卡尔身边。

"做得很好，肯，"帕斯卡尔说，"你培养了一个男子汉。"

"我愿意为他付出我的生命。"肯说。他们坐在一起，默默地陷入沉思。帕斯卡尔回顾了自己工作中令人欣喜的时刻：寄养照料人不辞辛劳地照顾收留的孩子，让受过伤害的孩子的人生得到转机；有些日子很可怕，有些伤痛永远无法抚平；但也有像今天这样的日子，被寄养的孩子想通了整件事。肯思考着阿什利说的话："他说'他是一个真正的父亲……我想成为他那样的人。'"有些父亲可能一辈子都听不到这样的话，他的心里有一道闪耀的光。

他们围着桌子上的咖啡重新坐好。阿什利选了可乐，他喜欢冰凉有泡沫的咖啡因。帕斯卡尔指着他们桌上的文件夹，又问了一遍阿什利还有什么问题。

"主要是医学方面的问题，"阿什利说，"我们在生物课上学到了亨廷顿病 ①。如果你有这种基因，就会得这种病，但我不知我是不是可能有这种基因。我们怎么才能发现呢？"

帕斯卡尔深吸了一口气。他坐回椅子上，对所有人说："我就知道你要问这个问题！这肯定是学校课程中的内容，因为每一个和我们谈及家族史的人都对这种病害怕极了。是这样的：第一，这种病非常罕见。第二，我们的资料里有一些家庭医疗信息，但主要还是依靠出生家庭来告知。如果他们突然发现某些健康问题，认为自己的亲生子女应该知道，他们会跟我们联系。当孩子被寄养时，我们知道他们很可能会被另一个家庭抚养长大，所以我们会尽可能地收集医疗信息。对了，这是我们知道的……"帕斯卡尔打开文件夹，里面有预先打印好的表格复印件，上面有手写的回答；有打印好的表格，上面整齐地打着勾；有褪色的表格的复印件；还有一张影印的照片，阿什利认出了它们，他的人生故事书中也有同样的照片。紧接着，阿什利看到了自己要找的东西：一张病历表。

帕斯卡尔说："杰姬的哥哥有糖尿病。"随即他马上意识到自己抛出了一个阿什利还没准备好听到的信息，他们还没有讨论过那边家族中的其他人。帕斯卡尔对自己感到恼火，他竟然在没有先确认的情况下就说出了新的信息。

---

① 亨廷顿病是一种罕见的遗传性疾病，会导致早发性认知障碍、运动协调问题和过早死亡。

"杰姬有个哥哥？"正像帕斯卡尔担心的那样，阿什利问道，"我还有个舅舅？"他停了一下，眉头皱了起来。"还有……其他我不知道的家庭成员吗？我有……有过……我在那个家里有兄弟姐妹吗？"希拉听到这个问题，不禁屏住了呼吸。帕斯卡尔说，据寄养小组所知阿什利并没有兄弟姐妹，尽管在上次联系过后的这段时间里，杰姬或罗斯可能各自已经有了新的伴侣并有了孩子。希拉这才深深松了一口气。"你想让我去问问吗，阿什？"帕斯卡尔问道。阿什利想了想，说："不，反正现在不要。我自己有家，我有哥哥，没有空间容纳新的人。不，不要管他们。现在先不要和他们扯上关系。"

"好，那我们回到病史上。阿什，你有一个亲戚患有糖尿病，杰姬的祖父在年老时中过风。我们没有得到很多关于罗斯家人的信息，罗斯好像跟他们没什么联系。"

"我想知道是不是因为他爱生气而且脾气差，所以才和家人失去联系了，"阿什利沉思后说道，"或者他爱生气和脾气差是因为他没有一个温馨的家庭。这是有区别的，对吧？"

"对，确实如此。好男人会教男孩如何成为好男人。也许罗斯的生活中没有好男人。"

"而我有很多，"阿什利说，"有爸爸，还有格雷厄姆和马尔（马尔科姆的昵称）；有爷爷和雷格叔叔；还有你，帕斯卡，你也是。你们非常不同，但你们都是好人。"

"谢谢，阿什，这个评价对我来说意义非凡，"帕斯卡尔边说边把影印材料收进文件夹，"我们还没有找到你的音乐基因，对吗？"

"希拉里外婆，"阿什利说，"她唱歌很好听。今年圣诞节给她寄照片时，我要寄一张摇滚学校的照片，告诉她我也很会唱歌。所以我从她身上得到了一个优势，但更多优势都来自这里，不是吗？我为他们感到难过，他们的生活很艰难，也没遇到什么好机会。"

"而且，我知道我像谁。我就像爸爸，还有马尔和格雷厄姆。我知道他们不能像我一样会唱歌，我也不能像他们一样会踢球，但我们脾气都差，早上都起不来床，都能被同样的烂笑话逗笑。这是我的家，我像这里的人。能找到和我长得很像的人固然好，但这一点并没有我以为得那么重要。我心里觉得我属于这个家。"希拉对他笑了笑，但由于他们之间坐得有点儿远，她没办法握住他的手。

"嗯，所以这次谈话差不多可以结束了吧？"阿什利已经听够了，说够了，他有很多想法要去消化。他开始了解自己是谁，他得到了大家的帮助，他们倾听他的想法，用他能接受的方式一点儿一点儿地提供他想知道的信息，而且一直在确认他是否消化了那些信息。不只是今天，在过去的十三年里，他们一直是这样做的。他们帮助他慢慢理解自己是谁，每个年轻人都要经历这个过程。拼图，是一块一块拼起来的。

19

如何解决意见分歧

处理意见分歧是我们维护人际关系的一个重要部分。当误解和争论出现时，我们可以略过它们，也可以把它们拿来讨论。有时，略过它们可以让我们慢慢遗忘它们；但有时它们就像无声的伙伴一样隐隐留在我们心里。那些细小的伤害和愤怒，缓慢而微妙地改变着我们与对方的关系。这就好比，我们的舞步已经不合拍了：舞蹈仍在继续，我们却相互碰撞，然而我们曾经能完美预测和适应对方的每一个动作。我们变得小心翼翼，谨慎戒备。尽管我们渴望重新建立以前那种轻松的关系，但我们发现彼此之间总是存在矛盾。

不合拍的时间持续越长，就越难把问题提出来。我们经常使用疏远策略，来避免讨论我们在一段关系中的变化，要么在共同的圈子里彼此保持冷淡，要么彻底分道扬镳，避免接触，以保证不会走错一步，不会意外触动其他而加剧伤害。

而回到意见分歧上，想办法解决它，则需要我们的勇气和决心。这样做表明了这段关系值得挽回，双方应该努力去重新面对旧伤口，让它开始愈合，然后怀着对彼此的新理解继续携手走下去。无论是工作同事、家庭成员、分手了的孩子父母，还是久违的朋友，只有当我们解决了分歧，才能使人际关系重新进入相互理解、合作、欣赏的共同频率。

为母亲争论不休的双胞胎

莎莉和菲奥娜在"如何才能最好地照顾母亲"这件事上产生了分歧。她们的母亲是我的好朋友温迪。两人分别提出了不同的方案，各自为母亲和对方尽心尽力，但她俩总是被同一个错误绊倒，导致姐妹俩的关系失衡了十多年。除非她们能够认识到，是什么原因导致彼此不合，并加以解决问题，否则她们无法重新恢复彼此之间的关系。这样做的必要性不言而喻：她们要照顾母亲，也要在未来漫长的日子里延续对彼此的爱。

自从丈夫十多年前去世后，温迪一直独自生活在她的农舍里。当温迪在经营农场、维护她和丈夫共同创造并保护的野生动物栖息地时，能感到他的存在，这对她来说是一种疗愈和安慰。温迪和我通过短信、电话保持联系，我偶尔也会在周末去看她。我观察到了朋友健康上出现的变化：温迪患有关节炎，她在行动上越来越受限。这个变化使她的两个女儿都很担心她的安全，但她们能达成的共识也就到此为止。两人提出的解决方案大相径庭，而且由于其中一个女儿生活的地方跟英国有时差，这件事就变得更难讨论了。

温迪和我在大学时是室友。她是一名大龄学生，至少比我大十岁。我们在音乐、自然和喝茶上志趣相投。在我们还是学生的时候，她遇到了她的丈夫，然后结了婚。他们本来没想到会有孩子，所以当温迪得知自己怀孕时，夫妇二人非常震惊，也十分喜悦，并且几周后又有了新的惊喜："双胞胎！"温迪在电话里大喊道。

菲奥娜和莎莉就是那对双胞胎。"我们一直都是双胞胎。"在她们很小的时候，我曾去帮忙照看她们，那时莎莉总是这样跟我解释。"我知道，我在你们出生的那个星期就见过你们了。"我会这样说，然后她们就会求我讲第一次见她们时，是怎么分出谁是谁的。"因为我们一模一样，"菲奥娜会提醒我，"除了一个地方。"然后她们会咯咯地笑，用手捂住头，让人无法分辨。只有她们的头旋，是朝着相反的两个方向长的，有明显的不同。

因此，我就会给她们讲我第一次见到她们时的故事。她们的父亲抱着一个头上长着一撮黑发的婴儿打开公寓的前门，把我领到客厅，而她们的母亲正在那儿给另一个发型一模一样的婴儿喂奶。我亲爱的朋友们，意外地怀孕，甚至更意外地怀上了双胞胎，他们的喜悦和他们的疲惫感一样强烈。

"哪个是哪个？"女孩们会高兴地唱起来，两人都兴奋地从一只脚跳到另一只脚，看起来就像传说中那只四条腿、两个头的野兽，"哪个是哪个？你先看到谁？"我会说："哦，这很难记住，但我觉得是……"她们高兴地尖叫着，直到我说"顺时针！"然后她们会背对着我，展示她们的头旋：菲奥娜的头发是顺时针旋转的，莎莉则相反，是逆时针的。莎莉是早出生十二分钟的姐姐，也是我在公寓前门见到的婴儿。这个问答仪式一直持续到女孩们九、十岁的时候。她们喜欢被误认为是对方，很少有人能把她们区分开来。虽然我通常能正确地说出她们的名字，但当我单独见到她们中的一个时，很难描述我是怎么看出来那是菲奥娜或莎莉的。

在这对双胞胎十岁时，温迪和她的丈夫接管了男方家在诺福克的农场，在那里他们开始了一个再野生化的项目。在人们对野生动物保护产生兴趣之前很久的时候，他们就开始从事野生动物的保育工作了。见证小型种植园蓬勃发展是一件非常美妙的事情：蚱蜢的声音，当时已经成为我童年的遥远记忆，但在盛夏时节的农场里，我仍能听到它们呼啸着穿过闪闪发光的野花地；厨房外面的果园在春日里落英缤纷，到了秋天我们就从被压弯的树枝上摘下饱满光亮的果实。他们夫妻俩从城里搬走后，我很想念以前我们总能聚在一起的日子，所以一有时间我就会去他们的农场待一个星期。我们沉浸在这份快乐里的同时，也加深了彼此的联系。我是这对双胞胎的干妈，看着两个女孩从婴儿成长为年轻女性，现在她们其中的一个也已经有了自己的孩子。我们就像一家人，女孩们甚至叫我"姨妈"，后来简称为"K姨"。

如今这对双胞胎已经长大成人，她们在生活的旋涡中相互支持。莎莉是阿拉斯加海岸一个海洋生物中心的研究员；菲奥娜是一名音乐教师，有一个年轻的小家庭。在她们的父亲去世后，菲奥娜担心母亲独自生活有困难；而莎莉告诉妹妹，这是母亲自己的选择，这是母亲能与那片土地和她们父亲的记忆保持联系的方式。两人都增加了回家探望母亲和打电话的频率，她们也在各自的悲伤中相互支持彼此。她们是朋友，也是知己，她们享受着双胞胎特有的深厚的亲密关系。

在她们父亲去世的几年后，两人的关系迎来了第一次大考验。我被菲奥娜邀请，去喝了一次"紧急咖啡"。

"凯瑟琳阿姨，我不知道该怎么做，但我很高兴你今天能来。是莎莉……"菲奥娜脸色通红，眼睛紧紧盯着我的脸，想知道我的反应。我想象着莎莉可能惹出的麻烦，因为每当有麻烦的时候，一准儿是莎莉在调皮。莎莉六岁时用指甲刀剪了自己的头发，这样她就能看起来更像爸爸；莎莉十岁时，有一天放学后离家出走，迷了路，然后有个好心的店主打电话给她的父母，他们开车穿过小镇去接她，店主这才能在深夜打烊休息；莎莉十二岁时想成为一名奶农，她被一群好奇的奶牛逼到田里，不得不大声呼救；莎莉决定接受海洋生物学家培训之前，在大学里曾改过两次专业。如果菲奥娜是"理智船长"的话，那莎莉就是"顽皮鼠"。我想知道这次又是什么情况。

"莎莉想去阿拉斯加生活，"菲奥娜说，"她在那里找到一份工作，是个什么研究职位，而且要去五年！"

我等了一会儿，消化了这件事。我为无畏的莎莉感到非常自豪，而且一点儿也不惊讶。但是菲奥娜显然既惊讶又困惑。

"你是怎么想的呢，菲①？"我问道。菲奥娜吸了口气，朝我眨了眨眼，然后叹气道："我怎么想不重要，不是吗？最重要的是妈妈的想法，她会非常震惊的！莎莉不该考虑去这么远的地方待这么久，她想都不该想。这个决定太……自私了！"

天啊！通常情况下，无论莎莉处于何种困境，菲奥娜都是她的支持者和拥护者。菲奥娜是个仁慈的人，她内心的指引和追求是让每个人都能获得最大的幸福，有时甚至可以为此牺牲自己的幸福；菲奥娜性格平和，思维缜密，但意志坚定。莎莉内心的指引是公平，她永远不会拿超过自己应有的份额，不公正的行为会令她愤怒；她是环境主义者、女权主义者，她支持被忽视的弱势群体；她充满激情、专注、追求完美。我从未听过这对双胞胎批评彼此，除了衣服或男朋友的品位之外，就算她们口中最酸的话也镌刻着爱的底色。她们是彼此的拥护者，这是她们第一次出现意见分歧。

菲奥娜的善良压倒了她指责莎莉的欲望；莎莉对公平的追求促使她保证，每年都一定从美国回家探亲两次。她们没能凭着好奇心和相互信任说出彼此的意见分歧，而是把它留在了心里；她们掩盖了分歧，抑制了不安的情绪，也回避了谈话。也许摊开来聊感觉太困难了，包含太多的情感了；也许对她们一辈子的姐妹关系来说也太危险了。我很遗憾她们失去了这个机会，因为她们目前的僵局是建立在那个无形的疙瘩上的。这一次，再也无法回避了。

她们并不是没有感觉到彼此之间压抑的观念差别。菲奥娜每个月至少去一次诺福克，远在阿拉斯加的莎莉担心频繁的长途奔波会让菲奥娜筋疲力尽。菲

---

① 菲奥娜的昵称。——编者注

奥娜觉得这是自己应该做的，她应该体贴孤独的母亲；菲奥娜心里认为莎莉选择在国外生活太无情了，但又不能直说。莎莉延长了自己在美国的合同，但她知道，这样菲奥娜就要照顾她们的母亲，而这破坏了菲奥娜自己的家庭生活和幸福，所以莎莉感到很沮丧。"这对菲不公平。"莎莉有一次圣诞节回英国时跟我说，"菲应该花时间让自己放松一下，如果妈妈觉得孤独，可以让她来看菲。妈妈也只出来看过我一次，她曾经那么爱冒险，我不明白为什么她现在会变得这么宅。"

我经常反思这种僵局，细想其中的层次和微妙的关系。在我的医学生涯中，总能看到类似的僵局在不同的家庭中上演。我发现那些以不同方式表达爱的人所承受的不安和负担，源于每个人都认为自己的做法是唯一的方式，所以他们会因为别人与自己的不同观点而感到惊讶、失望、委屈。产生这种困境的基础往往是：同样以爱为出发点的人，彼此的期望却不匹配。他们价值观的基本原则不同，有的人以公平为原则，而有的人以善良为原则，二者都是有价值的原则，每个人也都是真诚的，在特定情况下却微妙地互相对立。在一定的条件下，当生活伸出手来，暴露了他们的差别，又阴谋地掩盖了他们共同的关心，善良和公平的对立就会爆发成一场有关意见分歧的风暴。

就这样，善良的菲奥娜打乱了自己的家庭生活，长途跋涉地去探望母亲，探望的次数是莎莉在英国时的两倍，以此来弥补她双胞胎姐姐的缺席；尽管这是菲奥娜自己做的决定，她从未指责过莎莉"没有尽到她的责任"，但那种被抛弃的委屈感会慢慢滋长，这种感觉对菲奥娜的伤害太大了，让她无法去思考。同时，出于公平的考虑，莎莉将她每年微薄的研究津贴都花在了回英国的旅费上；她能感觉到和双胞胎妹妹之间的感情越来越冷淡，但她无法理解，也不能询问，同时还担心菲奥娜花这么多时间折返于偏远的农场和自己的家庭太累了。莎莉回英国探亲时是一家人在一起的宝贵时间，不能浪费在提出意见分歧或讨论观念差异上。于是，两人的差异被埋得越来越深，怨恨也越来越强烈。

在许多家庭中，我还发现这种关系有等级之分。本地家人，近距离地面对亲人在健康和社交上的困难，希望尽自己所能给他们足够的支持，虽然有时其实是过度关心，甚至令人窒息，但总是出于好心；而远方的家人，对亲人的爱并不少，但他们不了解亲人在日常生活中的困难。远方来访的家人常能发现本地家人难以察觉的变化，但他们善意的询问有可能会被误认为是对本地家人的批评，是在责备本地家人做得不够周到。守在家里的菲奥娜目睹了妈妈如何为莎莉每年两次的探亲使出浑身解数，以显示她过得有多好、多快乐。但在莎莉离开的日子里，菲奥娜看到的却是温迪在低谷时的样子。菲奥娜陪妈妈去见农场的会计，考虑每年的收入和花销问题；陪她去医院，检查她的关节炎，寻找新的治疗方法来帮她维持独立的行动能力。当莎莉听说菲奥娜为农舍的楼梯订购了一台升降椅，好让妈妈在晚上能安全地上楼时，她感到非常震惊，因为直到她下一次回家时，她才发现妈妈身体的变化。

莎莉这次夏天回英国，姐妹俩的大学母校邀请她去做讲座。这所大学也是我和她们父母相识的地方。大家准备一起到菲奥娜家住一个周末，每个人都很兴奋。温迪说农场上还有当季的工人在工作，所以她不想出来。我明白这是温迪的借口，旅途对她来说太过辛苦了。在温迪的祝福下，我欣然接受了双胞胎的邀请，和她们一起在菲奥娜家过周末。莎莉先在乡下和妈妈住了几天，然后开车到了我们的城市。她先到我家和我聊了几个小时，等菲奥娜下班后，我们再去和菲奥娜一家一起吃晚饭。

"你上一次见我妈妈是什么时候呢？"莎莉问我，她一到我的客厅就直奔主题。我最近一次去看她是在一月份，正值农闲，所以我们俩有时间在厨房的炉子旁聊了很久。不可否认，温迪的行动变得很困难：她弯着腰，跛着脚，手和脚因为关节炎带来的痛苦而变得扭曲。但她的幽默感和意志力丝毫不减。

"我认为她需要去护理中心，"莎莉说，"虽然她有采摘水果的帮手住在谷仓那边，但她还需要照顾她生活的护工。她做饭很吃力，洗澡得坐着，上厕所也很费劲。她告诉我一切都很好，她总是这样说。但我担心如果她在农舍的石头地上摔倒，会摔坏胯骨，住进医院的！"

我问莎莉，她有没有和菲奥娜聊过她们妈妈的情况。"哦，K姨，妈妈觉得菲是个圣人！她担心如果菲意识到情况有多糟，就会搬过去照顾她，所以妈妈考虑搬去护理中心住。我觉得这是很好的解决方案，但菲肯定不愿意听。她说，妈妈本来住在那么大的空间，有那么多的土地，如果搬到一个只能看到房子和街道的单间里，妈妈会受不了的。"

"所以你妈妈担心自己成为菲奥娜的负担。"我说道。莎莉艰难地咽了咽口水，然后说："我也担心菲。她承担了太多，远远超过她应该做的。妈妈告诉我，她负担得起请护工的费用，但如果菲自己能做更多，她是不会听妈妈的话的。我知道菲很担心，总是跑那么远去看妈妈，她肯定非常累，但这也让她感到安心。"莎莉叹了口气。沉默中，我没有开口，只是等待着。

"即使我住在英国，我想我也不会像菲那么频繁地去看妈妈，"她最终说道，"一切感觉都有些……过头了，会让我觉得，好像妈妈病得很严重。也许妈妈现在是不太好，也许她确实需要有人帮忙，但是……哎，菲已经这样做十二年了！"

我等着她继续说，但莎莉很安静。

"莎[①]，你觉得菲奥娜会怎么说？"

"哦，说一些圣人会说的话，"莎莉叹息道，她边说着边把目光从我身上移开，"菲人很好，比我好得多，她总是牺牲自己去帮助别人。我曾经和学校里

---

① 莎莉的昵称。——编者注

那些总拿她东西的人打架，他们会说自己没带午餐或者没带彩色铅笔，菲就让他们用她自己的，根本没想过他们只是在利用她！"

我笑着想象，小小的、好斗的莎莉为了她妹妹从未要求的公平而出头。"她也为你出头了吗？"我问。"她不好斗，"莎莉回答说，"但是当我为一些事情难过时，她经常安慰我。有一次，篮网球队不让我上场，我非常生气，因为那场比赛对我很重要。菲解释说，是我太优秀了，她们得让其他球员有机会上场，尽管我不上场，我也应该去给她们加油。她说那是件好事，但那并不公平，不是吗？现在我是个成年人了，但我还是认为那件事对那个努力训练的小女孩不公平。"

"其他人没有辛苦地训练吗，莎？"

"嗯，也有，但是……但是我是最好的射球手，她们望尘莫及！"我对面的成熟女性听到她自己的声音控诉着九岁时的伤痛，也笑了起来。

"我想事情大概就是这样吧，"莎莉看着我的眼睛，最终说道，"你知道吗，K姨，我出国时主要担心的是，菲会为了妈妈而耗尽她自己的精力，她确实是这样的，不是吗？她很善良，她能接受自己不在队伍的最前面，这样别人就可以受益。但我不是这样的人。我会为他们排队的权利而奋斗，但他们也应该在自己正确的位置上！"她笑着说。

"从你们很小的时候就一直是这样，"我边说边回忆着我们当时漫长而舒适的相处，"善良或公平、公平或善良，两者都很重要，在道德上都是正确的，但两者并不一样。你们太爱对方了，所以这个差异变成了一个障碍，但现在你们需要一起去支持你们的妈妈，你们可能会发现各自的出发点不同。"

"你真是个睿智的老阿姨，"莎莉笑道，"你觉得菲能理解这种差异吗？"

"我不知道，莎。我觉得她和你一样，对过去的十二年有属于她自己的理解。你的理解是，菲承担了太多，因为她对别人的善良多过对自己的公平。我不知道她是怎么想的，"我看着莎莉，她露出沉思的样子，"你可以问问她。"我建议道。莎莉收拾好我们的茶杯，拿起茶壶倒茶。"我想我会的。"她说。

"如果你去问的话，"我温柔地说，"睿智的老阿姨有一个建议：温和地和她聊，听她说了什么，还要听她没说什么。"

莎莉开车带我们穿过小镇，来到菲奥娜一家居住的高大的石头联排别墅。莎莉很高兴来到这里，有两个孩子从楼上的窗户向她挥着手，她拿出装满孩子们礼物的袋子，大声向他们问候。大家拥抱、流泪、欢笑、跑上跑下。他们把莎莉安顿在阁楼上的客房里。从客房的窗户望出去，沿着一排排屋顶可以看到远处的河和横跨河面的桥梁，在午后的阳光里熠熠生辉。姐妹俩带着叽叽喳喳的孩子们下楼，而我留在阁楼上看了一会儿风景，好让她们有时间单独交流。下楼后，我看到她们并排坐在沙发上，对称地各自盘着一只腿，放松地微笑着，孩子们在花园里拿着他们新得的美国飞盘玩儿。

"我在跟菲回忆，篮球队不让我上场之后，她让我善良一些，去支持他们。"我坐下来时，莎莉笑着说，"我以为她疯了！""没有莎，她们输得很惨。"菲奥娜笑道，"替她上场的女孩射球失误时，莎忍不住笑了出来。我真替她们遗憾，我都想哭了。我对莎莉的幸灾乐祸感到非常难过！"

"你们有没有意识到你们的处事方式很不同？"我问她们，她们看了看我，又看了看对方，然后又看着我。

"在我的孩子们长大后，我才意识到这一点，"菲奥娜说，"格雷戈尔就像我一样。我知道他在想什么，知道他对事情会有什么反应，有时我甚至对他不去为自己争取更多的权利感到失望。我以前觉得他妹妹太难以捉摸，总是在跟人吵架，就像莎莉一样。后来有一天我明白了：不是莎莉难以捉摸，是我跟她的看法不同而已。弗洛拉总是追求'公平'，她为弱者撑腰，即使那个弱者是她的大哥；她觉得事情不对，就会争论和反击，因为她不能忍受有人在游戏中作弊或者说谎。就像你一样，莎莉，你总是想让事情变得公平，公平对你来说很重要。我想格雷戈尔和我都会为了让其他人高兴而让步，这样能让我们快乐，就像你会因为赢得争论或让别人遵守承诺而感到快乐一样。"

"小时候，我不明白这一点。我无法理解你怎么能那么勇敢，以你的方式坚持自己的立场。我想成为你那样的人，但我不知道怎么做。"她们对彼此微笑，菲奥娜的笑容中带着一丝悲伤。

"当你离开我们去美国的时候，我太伤心了。"

"我知道，菲。我知道你觉得我要去的地方太远，时间也太长了，但对我来说，那是个很好的机会。我希望你也能追随属于你自己的机会，追随你的音乐梦想。我不会要求你不去，所以你没有要求我不去是公平的，尽管我觉得你曾经想过劝阻我。"她侧身看了看她的双胞胎妹妹，菲奥娜悲伤地点点头。

莎莉继续说："你总是对每个人都很好，即使有些人并不值得你对他们好。当我听到有人觉得你做的事理所当然，我就怒火中烧。因为我知道你会站出来帮助他们，但他们从未想过帮助你！"

我看着这场爱与和解的对话。她们轮流说话，试探着彼此谈话的温度，说出各自欣赏对方的，以及认为对方的处事方式让自己难以适应的地方。我意识到，她们说的是对方的行为，即"你做了什么"，比如，你总是争取正义，你总是很善良；而不是"你是什么"，比如，好、坏、自私、焦虑；她们不仅在倾听彼此，也在向彼此诉说。我多么希望多年前我能更努力一些，让她们说出彼此之间沉默的差异。但谁知道呢，也许她们需要时间和距离来反思那些没有说出口的东西。

度过了充满思考的周末后，我们去听了莎莉的讲座，还去看了菲奥娜指挥的青年管弦乐队的演出。在我们观看弗洛拉和格雷戈尔参加的游泳比赛时，有一个竞争对手违规起跳却没有被判罚，让格雷戈尔丢了奖牌。弗洛拉非常愤怒，格雷戈尔却好像很平静。"我上次赢了。"他说，"而且大家都知道他今天作弊了，他享受不到得奖的喜悦。说实话，我也有点为他感到遗憾。"弗洛拉跺着脚去找冰激凌了，她很生气，因为格雷戈尔不和自己一起为他所承受的不公正待遇发火。双胞胎姐妹在格雷戈尔身后相视而笑。

"那一幕太熟悉了！"莎莉笑道，"在这一点上我支持弗洛拉。不过，看看这种放松的态度是如何让格雷戈尔度过美好的一天的。"格雷戈尔抬头看着他的姨妈，莎莉微笑着对他说："我真为你感到骄傲，格雷戈尔。不仅仅是你的游泳水平，还有你的冷静，你的风度。你是个好男人。"格雷戈尔脸红着去洗澡换衣服了。"他就跟你一样，菲。"当格雷戈尔滴着水走向更衣室时，莎莉看着他的背影说道，"我早就应该知道，当我得到阿拉斯加的职位时，你永远不会挡住我的路，尽管你心里很难受。我想我知道，我给你带来了多大的伤害，虽然我不是故意的。"菲奥娜对姐姐微笑着，一滴泪水顺着脸颊滑落。她们正在努力重新回到共同的节奏中去，心怀着对彼此的爱，一步一步勇敢地走下去。决定去爱也是一种勇敢的行为，而宽恕是一种基于爱和希望的选择。这对双胞胎正从相互无条件的信任中找回她们失去的舒适关系。

时间很快就到了我们在一起的最后一个晚上。孩子们给温迪外婆打电话，告诉她游泳比赛的事，然后就回自己的房间去了。他们的爸爸也识趣地走开了。现在是谈话的时候了。

双胞胎又回到沙发上，还是对称的坐姿。

"如果妈妈需要人护理，我可以搬到她那儿去。"菲奥娜说，跟莎莉预测的一样。

"你不能永远住在那里，菲，孩子们需要你，"莎莉说，"你可以去那儿住一小段时间，但同时我们要找到一个长期的解决方案，我们得想清楚以后该怎么办。"

"她住在一个小房间里会很痛苦的，莎莉。她是个农场主！"

"你们问过你们的妈妈吗？"我问道，接着是一阵长时间的沉默。

"我不想让妈妈觉得自己是个负担，"菲奥娜说，"她也可以住在我这儿。"我想到了温迪疼痛的关节和这栋四层高的联排别墅里陡峭的楼梯。如果没有电梯、改装的浴室和设在一楼的厕所，温迪住在这里会很困难。

"她必须对风险有现实的认识，"莎莉说，"她可以请护工在家里帮忙。"。

"除非她卖掉农场，否则我们负担不起护理费，"菲奥娜叹息道，"卖掉农场可能会伤透她的心。所以唯一可行的办法就是，我们……我……护理她。"

"但这对你的要求太高了，菲！这对你不公平，这对你和你的家人都不公平！"莎莉说，"妈妈得接受现实，她不能占用你所有的时间和精力。要这么看，我最自由了。也许现在该我回来和妈妈一起住了。"

"莎莉，你的研究！你的鸟！你在阿拉斯加的生活！你不可能放弃那里的一切！"菲奥娜激动地流着泪说道，"我的意思是，你的提议很慷慨，但那意味着你要放弃你的全部生活！"

"那在过去十二年里，你一直在做什么呢，菲？一年十二次长途旅行，每次都要在路上花好几个小时，整理和支持妈妈的财务，陪妈妈看医生……对，我知道你做了所有这些，我给她打电话时她告诉我了。我知道你放弃了加入管弦乐队去世界巡演的机会，你一直在支持妈妈，所以我才能心无旁骛地拥有完整的事业，"莎莉泪流满面，"我已经拥有了这一切，菲，是你让我拥有的。让你继续做更多的事是不公平的，现在轮到我了。"

又是一阵沉默。我再次问道："你们问过你们的妈妈她想要什么吗？"

菲奥娜看着我，把刘海别到左耳后面。"我们不能问她，她不可能去做这样的决定。她怎么能选择和双胞胎里的哪一个一起生活？她会心碎的！"

莎莉摇摇头，把自己的刘海别到右耳后面。"不问她的意见就做决定是不公平的。这是她自己应该决定的事。"

她们坐在那里，一模一样，却又有一点儿不一样。但区别不仅仅在于她们头发的方向，她们童年时有名的"除了一个地方"。我们正面对她们的另一个不同之处，进退两难：善良还是公平？两个正确的选择，却站在对立面；两件正确的事，却在某种程度上混淆了彼此的好意，从而变成错误的事。

"我想知道，如果两个非常爱你们的人聚在一起为你们的未来做决定，你们会怎么想。"我说道。她们看起来很惊愕，眉毛都皱了起来，鼻孔张开，这种相似性甚至有些滑稽，然后她们异口同声地反对道："但这不一样！"那一刻，双胞胎的心有灵犀打破了紧张的氛围。我们都笑了。

"我现在以睿智的老阿姨的身份说话，"我说，"我能听出你们有多爱你们的妈妈，多么想保护她。我也知道你们俩提出了各自认为最有爱的建议。菲，你想让其他人不再受苦，即使这对你来说很困难；而莎莉，你想承担新的责

任，因为你觉得这样才公平，才能回报菲在你在阿拉斯加时的所有努力。如果
你们继续倾听彼此、共同努力，我相信你们会找到两人都认可的解决方案。但
是，这真的是问题所在吗？"她们朝我眨着眼睛，看起来很困惑。"关键难道
不是什么对你们的妈妈来说是最好的吗？"

就这样，几天后我们三个人都来到了温迪的农舍。厨房的桌子上放着咖啡
杯，温迪坐在炉边，正在召开家庭会议。很明显，她一个人在这里生活得很辛
苦，但她有自己的想法。她介绍着职业治疗师为了让她保持自理能力而建议的
家庭改造：扶手、加高的马桶座、在厨房准备饭菜时可以倚靠的高凳。

"如果这也不行，我还有 B 计划。"温迪神秘地宣布道，然后在餐具柜的
抽屉里一顿翻找，"看！这应该是个完美的方案！"她手里拿着一本护理村的
宣传册，护理村的位置不在诺福克，但在我们的城市附近。村里建有许多单层
小屋，供那些能够照顾自己的人居住；还有一栋护理院，帮助需要被照顾的居
民。"那里能看到大学农场，"她解释道，"你们的爸爸和我第一次见面的地方。
真是令人向往的景色！"

"但妈妈，我们怎么能负担得起这笔费用呢？"菲吃惊地说。

"卖掉农场呀！"温迪说，"这里曾经是我们生活在一起的幸福家园，但我
不会让它变成困住我的监狱！"

莎莉看着菲奥娜，菲奥娜也看着莎莉。她们不约而同地把自己的刘海别到
相反的耳朵后面，然后冲妈妈微笑着。

"这么做能让你高兴吗，妈妈？"菲问道。"嗯，这听起来是个公平的置换，
妈妈。"莎莉说。她们对视了一下，然后看向我，接着爆发出一阵笑声。她们
懂了。

在前往农场的路上，在莎莉的车里，我们已经聊过，一旦开始讨论温迪的未来，如何最好地探讨可能出现的任何意见分歧。她们承认，在莎莉要去阿拉斯加时，因为彼此都想要维持和平，所以她们没有深入沟通，而她们对彼此的误解也慢慢微妙地破坏了她们的关系。这一次，不玩心理游戏：每个人都要尝试理解对方的观点，倾听，然后通过复述来确认自己的理解。她们会把注意力放在彼此的共识上：讨论的内容可能会偏离到其他琐碎的问题上，从而陷入困境，但在真正重要的事情上，两人已经达成了原则性的共识；她们会重视对方的贡献，即使有些地方并不互相认同：两人的目标都是给妈妈找到未来生活的道路，所以当情绪激动时，菲奥娜会保持专注，而不急于安抚和帮助；当菲奥娜或温迪表达的情绪似乎偏离主题时，莎莉也会耐心地倾听；最重要的是，她们会在说话之前三思，避免表达时带着愤怒或痛苦的情绪：她们要找的是解决方案，而不是制造问题；她们会寻找相互认可、共同努力的机会，还有以前可能没有想到的新选择；她们会说出自己的情绪"我觉得……"是简单的事实陈述，没有责备，与"你让我觉得……"非常不同。这一次，她们会展示如何一起努力，而不是只给出自己的答案。

当然，她们也会用同样的方式倾听她们的妈妈。她们会支持妈妈探索各种选择，直到找出令她满意的解决方案。一路上，她们讨论如何彼此合作，这让我感到很暖心。

我们还跟着收音机唱歌，向桥上的孩子们挥手，时不时地停下来喝些咖啡、吃几块蛋糕。这对双胞胎正在重建她们对彼此的共同信念。当我们向南行驶，再向东转向诺福克州闪亮的平原时，我可以感受得到她们的信念。我在后座看着眼前这对心爱的对称的后脑勺，在她们相同的声音和共同的笑声中打起了盹儿。

学会表达不同意见是一项生活技能。要做到既能提出异议，又不至于将意见分歧升级为争吵，需要我们把好奇心、耐心、倾听结合起来，将注意力放在讨论的主题上，而不是讨论者身上。当然还要有勇气跨过门槛，说"我不同意"，来开启讨论。

用好奇心和问题解决意见分歧

很少有人喜欢冲突。许多人觉得与人争论很尴尬，或者在情绪上令人不安。发现彼此意见相左时，我们会陷入两难境地：我们是顶着冒犯对方的风险，表达不同的意见？还是保持沉默，让别人觉得我们同意对方？如果我们说出不同的意见，会不会导致争吵？这又会对我们共同认识的人、我们的家人、朋友或同事产生什么影响？意见分歧会怎样影响我们的友谊或工作关系？从长远来看，会不会影响我的职业发展，我还能不能指导你，你还会不会信任我来照顾你？

这些问题听起来很熟悉吧？欢迎来到人类的沟通世界。

意见分歧除非明说，否则无法解决。但有些方法可以控制观点差异，使其不会升级为冲突。

记住，意见分歧通常是针对事情本身的：要选择的选项、要做出的决定、要采取的方法。如果我们描述意见分歧时，表达的是"对情况的不同看法"，做到就事论事，而不至于演变成对持不同观点的人的攻击。解决意见分歧就是要一起努力，这也是本书所倡导的方法。

利用好奇心和提问来仔细倾听对方，可以帮助我们去理解对方的观点。接着我们可以努力以最好的方式复述对方的观点，来确认自己的理解。若我们能指出对方观点的优点，我们就能研究他们好的见解，也能让我们寻找双方相互认同的地方。此时我们的目的不是破坏对方的观点：尽管我们秉持不同的意

见或观点，但我们是在合作，共同寻找前进的方向。以好奇和合作的方式来探
讨我们的差异，可以确保参与讨论的人在必要时能体面地各退一步。

　　这种解决方式要求各方都致力于合作的过程，愿意坚持探索不同的观点，
找到折中办法，或者得体地接受最终的意见分歧。不让情绪支配我们的表达，
永远是明智的做法。如果我们不能冷静地说话，我们可以要求以后再谈。

　　好奇心是个多面手。保持好奇心说明我们认可了谈话的观点，对正在讨
论的问题可以有不同的理解，而且我们本人的立场和其他人的观点一样值得
审视。

20

坚强面对临终之榻旁的谈话

　　我的邮箱里收到过许多关于人们临终时谈话的留言，有些关于被宽恕的解脱，有些关于表达感激，有些关于爱的分享。但每星期我都会收到新的消息，是关于未说的话、未完成的对话，还有因担心任何一方"难过"而草草结束谈话的遗憾。接着，新冠肺炎疫情开始了。事实证明，尽管许多人一辈子都不愿去想死亡这件事，但他们仍心存侥幸心理：在生命结束之前，我们总会有机会说出对我们来说最重要的事。疫情防控措施夺走了人们在一起的最后时刻，这种额外的损失让我们知道，能进行最后谈话的时间是多么宝贵。我们能否鼓起勇气，跨越自我怀疑的门槛，告诉我们的爱人，他们对我们有多重要？我们是否需要等到我们当中的谁快要离开了，才说这些话？

　　如果现在就说出来，会是什么感觉？

关于临终之榻旁的谈话，我有一些想法分享给你们。

我们大多数人都没有在现实生活中目睹过死亡，我们对死亡的印象大多是从电视剧、电影和媒体故事中获得的。尤其在新冠肺炎疫情期间，这些媒体故事比我们以往看到的更多，但大多数人都没有真正到过死亡发生的现场。

更糟糕的是，对有一些人来说，他们心爱的人去世了，但他们当时不能陪在身边。尽管他们脑海中对逝去之人临终的情景有模糊的画面，但不可能确切地知道究竟是不是那样。

那些从事健康护理或社会关怀行业的人，更有可能在垂死之人身边工作。但是，除非我们认识和理解死亡的过程，否则我们可能无法理解所目睹的情况。即使是医院和安养院里那些有经验的工作人员，也不知道大多数死亡之间有相似之处；不知道我们可以通过识别一些事情，来帮助临终者在经历最后一程时尽量不痛苦；不知道我们可以告诉临终者的亲人，要留意和倾听一些事情，好让那些亲人知道病榻上的人是正在安详地离去，还是在承受不必要的痛苦，需要得到帮助。

此外，我在陪伴自己亲友的过程中还发现，除非我们曾经陪在所爱的人床边，我是指我们自己的亲友或爱人，而不是我们照顾的患者或护理对象；除非我们将自己对死亡过程的了解，应用于我们深爱和熟悉之人的离去，否则我们无法真正理解那些亲属或伴侣的经历，无法理解他们是如何陪伴着所爱的人走完最后一程的。

因此，我想说说关于临终之榻的事。

生命的消逝是不可避免的，我们所有人都有面对这一天的时候。对少数人来说，临终之处可能不是一张床榻，而是高速公路、购物中心或救护车的担架；但对大多数人来说，死亡会慢慢地降临，我们在临终时会有机会认识和反思自己的状况。

我毕生都在与垂死之人打交道，因此学到了一些有用的东西。

倾听临终之人想说的话

首先，尽管通常没有人觉得死亡无所谓，但临终之人往往更关心他们爱的人，而不是他们自己。他们有话要说，而他们最亲爱的人可以通过倾听他们，来满足他们的愿望。倾听走到生命尽头之人想说的话，是一项艰巨的任务。

如果临终之人想说对不起，别不让他们说。此时他们所说的尽是肺腑之言。你要倾听并意识到他们的悲伤，接受他们的道歉然后向他们说声谢谢，告诉他们你对他们的爱是不变的，并让他们知道你听到了他们的歉意。

如果他们想感谢你，那就不要当作没什么事发生。这是他们的心声。倾听他们的感激之情，认识到你正在被感谢；接受他们的感谢，告诉他们你很高兴，再有一次机会你还是会这样做；告诉他们你做这件事很欣慰、很荣幸，甚至很坚定，让他们感受到自己的感谢被听到了。

如果他们想原谅你，你要忍受住心里的负面情绪，让他们说出心里所想。此时他们是在用灵魂和你说话，跟你和解会让他们的灵魂得到安宁。接受他们的宽恕是你能给予他们的礼物。你可以感谢他们，请求他们的祝福。他们正在卸下恐惧和悲伤的负担，而你不需要把它们捡起来。放下过去的错误，让它们留存于你们两人的过往，而此时，在他们生命的边缘，是新的当下。你只需倾听、认可、接受这种宽恕。

如果他们想说爱，那就加入他们。让你们两人的灵魂为你们对彼此的所有意义而欢欣鼓舞。这可不是腼腆的时候，更不是对情感尴尬的时候。此时，在你所爱之人的人生要结束的时候，你应该去真实地活在你们充满爱的关系中。无论是婚姻、父母、友谊，还是对同事或邻居的喜爱，这些都是爱。你去倾听，去感受那些爱，并让他们感到自己的爱被听到了。

让死亡的过程平静而安详的两件事

其次，我毕生的临终经验还告诉我，只要两件重要的事情做到了，死亡的过程就是平静安详的。**第一件事是对导致死亡的疾病症状进行良好的管理。**虽然我们的生命即将走向尽头，但这并不代表我们必须要忍受疼痛，挣扎着呼吸，忍受恶心或其他症状。所以，我们要确保做到最好的症状管理，不管是靠全科医生，还是靠癌症、呼吸、心脏病或其他任何专家团队，或者这些专业人士再加上姑息治疗专家的帮助。

如果没有难受的症状来干扰这个过程，垂死的人就会随着时间的推移变得越来越疲惫。他们能做的事更少，睡得会更多。在这种情况下，睡眠能帮助他们获得新的但短暂的能量，足够他们说会儿话，听会儿喜欢的音乐，或者清洁牙齿。渐渐地，他们开始陷入无意识状态，陷入越来越深的昏迷，直到彻底处于无意识状态。

第二件重要的事是心灵的平静。这就是准备好了的感觉：他们想要解决的事情已经完成，想要修复的关系中的裂痕已经弥合，他们的人生是有意义的。想要实现心里的平静，往往需要通过之前几天、几个星期、几个月、甚至几年的谈话来达成，还需要我们认识到人人都会死亡这个真相，与这个事实合作，而不是与之抗争。就像写遗嘱或购买人寿保险一样，做好生命末期的准备不会让我们更早地死去，反而会帮助我们更平静地离开。因此，当人们想要诉说能抚慰他们心灵的事情时，我们就倾听吧，让他们感到自己的心声被听到了。

在临终之榻旁的每一次经历都是一次机会，让我们更熟悉死亡，看看它是如何发生的，见证一个人从活着到不再活着的逐渐变化的过程。我们在这样的经历中学习如何进行那些珍贵的谈话。我们陪伴榻上的人，因为轮到我们自己时，我们也将得到别人的陪伴。

　　当我们在床边陪着生命正在逝去的亲人时，陪伴和关注就是我们赠予他们的礼物，而他们回赠我们的，是对生命最终时刻的了解。通常现实中发生的和电视上演的并不一样，一点儿也不突然或激烈。这个经历是深刻而令人难忘的，足以改变我们的人生。我们有幸能在他们逝去的过程中给予陪伴，在此期间我们还学到了临终的经验。我们用耳朵、眼睛和心，去倾听。

21

如何面对丧亲者

　　"悲痛"这两个字本身就让我感到不适。斯人已逝是不可改变的事实，徒留活着的人陷入无助和无望的深渊。我是乐观主义者，是散播希望的人。我在绝望的荒原上挖掘希望，寻找能让不可改变的威胁变得可以承受的方法，寻找星星点点的安慰，以此来获得满足感。这就是为什么我能够花几十年时间，去服务那些在生命的尽头仍要学习如何生活的人，因为他们还有问题要解决，还有解决方案要制订，还有许多事情要做。在他们临终的过程中，我还要向他们的亲人解释各种情况，控制他们的症状，陪同他们的亲属了解他们的状况……我还有好多事情要做。在患者去世后，丧亲者悲痛地告别，然后离开我们，这些在临终之榻前陪伴患者的人。

　　忙碌的事情都结束了，丧亲者接下来要做的就是忍受失去的痛苦，而我没什么可以为他们做的事了，这听起来令人难以承受。但请不要让我面对这些，我帮不上什么忙，或者这就是我的想法。而下面的内容讲述了我是如何改变这个想法的。

　　我要坦白一件事情。虽然我在临终者身边工作了很久，但我从来不知道在丧亲者面前该如何表现。在患者生命末期的护理中，我有很多事情要做：要采取的行动，要提供的解释，要做的护理，这些事情使我应接不暇。然而，死亡发生之后，留下一片奇怪的真空。对于丧亲的家庭来说，所有喧闹的护理工作突然消失，一下子过渡到一种陌生的沉默之中。这种沉默，这种无事可做的极度悲伤之境，让我感到不安。因此，虽然我在丧亲者面前很和善，但我并不会陪在他们身边。也可以说，是我避开了他们。

　　我知道并不只有我自己这样。丧亲者一直会提到类似的情况：别人回避他们，在众目睽睽之下忽视他们，然后他们自己也变得像幽灵一样。这种个体被忽视的丧失感随后被进一步加深：他们失去与朋友、家人和邻居的联系，失去以前的生活，失去计划中的未来。即使在我自己经历了丧亲之痛后，在面对其他丧亲之人时，我仍然感到无助。事实上，在我理解那种伤心欲绝的部分体验后，我感到更加无助了。

　　一系列未曾预料的连锁反应，引领我明白了该如何陪伴丧亲者。我写了一本关于死亡的书，书里有我在从事临终护理的职业生涯中学到的一些有用的实践经验，比如需要做什么计划和准备。在那之后，我开始收到读者的来信。这些信件让我对自己"缺乏经验，所以无法帮助丧亲者"的看法发生了转变。

　　起初只有一两个丧亲者与我联系，然后他们如同涓涓细流，最后就像潮水般涌来。几十人，几百人，我已经数不清了。我收到过寄给曾经刊登过我的书评或采访的报纸的信和卡片；收到过社交媒体上的信息；收到过朋友们转发的陌生人的电子邮件；收到过给我的经纪人和出版商的信。失去亲人的人，那些我在职业生涯中一直躲避的人，他们在找我，他们都在跟我说同样的两件事："感谢你解释了我在临终病榻前看到和听到的事"，还有"这是我的故事"。一个又一个的故事，挟着信任和善意而来，每一个故事都与一个生命的离开和其他生命的永久改变有关，也都与爱和回忆、失去和悲伤、感激和信任、愤怒和矛盾有关。我阅读它们，思考它们，如果有办法的话，我也试着回信。

　　起初，这让我不知所措。我告诉每个来信的人，我并没有许多与丧亲者打交道的经验，免得他们误以为我是可以应对悲痛的专家。然而随着我收到的信息越来越多，有一个事实变得越来越清晰：故事是我们理解死亡和失去的途径。其实，我不是早就知道这个事实了吗？这股关于见证临终时刻和悲痛地继续生活的故事大潮，开始改变我对自己的理解。我渐渐明白，我是了解丧亲之痛的。我自己本身就经历了很多次丧亲之痛，能够认识到这种痛苦的核心模式和每一次发生的细微不同。而且，感谢这么多来信者的信任，跟我讲述他们的丧亲之痛，我逐渐对悲痛产生了一种见证者角度的熟悉感。在谈论丧亲之痛时，我不再觉得自己是个冒牌专家。

　　我的无助感仍然压得我喘不过气来，但读了这么多悲痛的故事后，我知道了自己逃避的原因：在临终者面前，我知道自己的角色是什么；但在丧亲者面前，我却不知道自己是什么角色。这是否就是导致人们在看到丧亲的邻居走过来时，要绕过马路避开的那种感觉？丧亲者认为这种常见的现象发生，是因为人们感到尴尬，不知道该说什么。这确实是一部分原因。但我现在意识到，还有其他的原因：在我们能够说话之前，我们要先"在场"；而当我们不知道"如何自处"的时候，我们就不愿意"在场"。

一部影片教我学会面对丧亲者

　　无论我们是否做好准备，生活都会给我们上一课，让我们获得智慧。我的下一堂课上得出乎意料。我在一个书展上观看了一部电影，一部我曾试图回避的电影。那是一部纪录片，关于失去孩子的父母，而拍摄者本身就是丧子的父母①。这对父母走访了其他失去孩子的家庭，并与他们生活在一起，采访他们，制作了一部纪录片，探讨这种最难以忍受的丧亲之痛：孩子的离开。电影的过程极富洞察力，不仅仅是因为拍摄者和受访者有共同的经历，还因为有一位拍摄者是心理治疗师。他们给自己的影片取名《永不消逝的爱》。

我之所以知道这部电影，是因为拍摄者曾找过我，希望我帮他们推广这部电影，来帮助其他失去孩子的父母。他们想找一个可以谈论死亡的人，在电影放映后的问答环节上台交流。我吓坏了，心里的第一反应是："我不了解这个领域，我不知道在丧亲者面前该怎么办。"我回信解释说，我不是应对悲痛的专家。可我的拒绝并没有让他们退缩，他们说："影片不是你想的那样。"

他们给我发了个链接，让我在家里观看他们的电影。电影的确拍得很美，令人心碎神伤，是一部能改变人生的作品。电影里的父母来自各行各业，他们的孩子因为意外、疾病、谋杀或自杀而离开了他们。他们缺失了一部分灵魂，继续生活着：教导还活着的孩子学习做饭、去学校、忍受难以忍受的事情；尝试去理解这一切，渡过悲痛，讲述他们的故事。我知道我不能坐在台上谈论这些。我花了好几天的工夫才看完这部电影：我坐立不安，无法静静地观看；我站起来喝东西，觉得必须烤点儿什么吃的；或者去写封信；或穿过树林到村里去买牛奶；我分成几个二十分钟才看完电影，有时比二十分钟更短。在接下来的几个晚上，我几乎无法入睡，脑中清醒地浮现出那些悲伤的面孔和声音；我被远处车开过来的车声惊醒，想象着如果是我的孩子受到了伤害。

这部电影在书展上的放映时间，安排在我关于谈论死亡的讲座之后，这意味着我必须面对它。我同电影的制作者简和吉米一起走到放映现场，然后我选了个不显眼的位置坐下，做好了承受悲伤的准备。接下来在放映过程中发生的事令我惊讶且不知所措，甚至我现在回忆起来，都觉得自己又滑回了那个座

① 他们的网站是 https://thegoodgriefproject.co.uk/.

位：我的外套挂在靠背上，我的脸上围着披肩，我想找一个没有人知道的地方来忍受那一个小时。

电影开始了。简和吉米旅行的精彩片段串联起一个又一个故事。我们随着镜头，站在他们的儿子乔希去世的越南公路旁，目击者们聚集在一起，仿佛在迎接和支持我们；他们二人向我们讲述着他们所经历的乔希的最后时刻。这些新的细节，好像一幅幅插图，添加到原本只有几行简介的书中。我们注视着这个家庭，他们度过的每一秒都充满悲痛。他们安慰着乔希的朋友，那些孩子很震惊、很悲伤；他们计划着葬礼和追悼仪式，满足所有爱过乔希的人的需求。他们的慷慨令我动容，我定定地坐在那里。

我们跟随着他们上路，去与其他失去孩子的家庭见面，简和吉米带着乔希的骨灰一起：我们要带他完成他的旅行。远处是辽阔的天空和美丽的风景，而近距离的特写却是悲伤的父母们，讲述着痛失孩子对自己的影响，闻者心碎。悲痛的父母和家人的面孔大大地映在屏幕上，我感到自己太过悲伤和激动，无法承受影片带来的冲击，所以我在黑暗中闭上了眼睛。但这些声音依旧环绕着我，使我无法逃避。每个家庭都在失去孩子的余震中蹒跚前行，寻找自己的方式去面对已经被永远改变的未来。

我睁开眼睛时注意到，当屏幕上的家庭说话时，席上的观众也频频点头。他们在座位上身体向前倾，尽可能地靠近屏幕上的人，就像我不断向后缩，在自己面前竖起精神盾牌一样。作为观众中的一员，我坐在那里，被卷入一种我无法独自承受的体验中。我能听到周围偶尔有啜泣声，还有擤鼻涕和清嗓子的声音。观众席上的人从影片中产生了他们自己故事的共鸣。"失去生命中很珍贵的人就是这种感觉，就像这样，还有那样""我们就是这样尽量不去表达悲伤的"，影片里失去孩子的父母说，"这样才能融入那些没有悲伤的人，对，我们就是那样做的。"观众们频频点头，身体向前倾斜着。是的，就是这样；是的，我听到了你的声音，我听到了你的故事，而且我在其中也听到了自己的故事。是的，没错，就是这样。

这是一个在时间中静止的房间，当中充满了悲痛。但这里不只有悲痛，还有回忆，有眼泪，有伤心。每个家庭都还谈到，他们对那些离开的孩子那持久不灭的爱。虽然他们永远失去了自己的孩子，但在他们的余生中，会永远在心里最安全的地方保留着这份爱。他们还是会叫孩子的名字，回忆孩子活着时的故事，不断体会失去的痛苦，因为只有这样，他们才能感受到孩子曾经活在世上，感到孩子永远属于这个家。这种悲痛是他们与离开的孩子、兄弟、姐妹继续保持关系的证明。他们宁愿悲伤，也不会选择遗忘或者永远不知道。

屏幕上的每一个故事，都让我感到自己对悲伤的承受能力太弱。我无助，且不知所措。那些失去孩子的家长也谈到那些可能和我一样不知所措的人。他们讲自己在悲伤中被朋友和邻居抛弃的感觉，还有那些不知道说什么的人：一句话不说，甚至避免与他们接触，转身离开，或者不回电话。让我感到一丝安慰的是，我没有转身离开过，但在照顾丧亲者时，我总是觉得自己在某种程度上让他们失望了。我觉得我不应该在那里，应该让知道该怎么做的人代替我。如果我知道那时我怎么做能满足他们的需要，那该有多好。

电影继续播放着，我沉浸在自己的不知所措中，注意力在我自己的悲伤和荧幕上的悲伤之间来回切换。当简和吉米的露营车在无垠的蓝天下穿过红色的美国沙漠时，我的内心发生了一些变化。我一直努力避开的那个大洞吞噬了我，我迷失了，哭了起来，我融入了大家的情绪，感受着那种因无常和爱所带来的不可避免的痛苦。我坐在那里，目睹了那么多悲伤家庭的感受，一个接着一个，然后终于明白，我们没有什么可做或可说的来缓解这种悲伤，我们也不需要说什么或做什么。我们表达支持的方式只是愿意"在场"，见证那一切，说离开的人的名字，而且记住他们。那种悲痛不能"好起来"，但是，只要我们出现，尽管无能为力、不知所措，可仅仅是愿意"在场"，就可以为他们的悲伤保留空间，表达人性的关怀。

电影结束后，场内先是一阵漫长而静止的沉默，接着观众鼓起掌来。他们转过身来，互相交流着，互相拥抱着，传递着纸巾。观众席的喧闹声持续了很长时间，台上的分享者才让观影厅安静下来，紧接着进入问答环节。观众分享着自己见证亲人离去的故事，和我在读者来信中看到的故事一样。那些故事在这里被一遍又一遍地讲述着。

不过现在，我看待丧亲之痛的角度发生了变化。我看到简和吉米承认我们是无能为力的，而"在场"是我们唯一能做的事。这是一堂大师课，教会人们在面对他人的悲伤时，不要想着解决、催促或解释任何事情，只要单纯地"在场"就可以。

如今我知道在丧亲者面前该怎么办了。我其实一直都是这样做的，就是接受那种完全无力的感觉，认识到你真的无能为力，然后还是出现在那里。因为这种时刻，我们能做的，只有倾听。

来自丧亲者关于丧亲支持的建议

丧亲支持又是什么呢？这是在我收到的信件中常被谈及的另一个主要话题。以下是我们所有人都能受益的建议。悲痛是使我们能够与失去亲人的现实共存的自然过程，它也是身心的双重体验，令人难以承受、疲惫不堪。丧亲者发现自己的注意力被打乱，记忆力也变得不可靠；他们有时感到平静，有时又觉得人生观受到巨大的破坏；他们不仅经历着情绪上的痛苦，甚至还有时间和空间上的错位感，不知如何呼吸下一口气或迈出下一步；他们每度过一天都觉得很累，也睡不好，身体在压力的作用下感到十分疲乏。因此，与他人联系应该补充而不是消耗他们所剩无几的能量和注意力。

悲痛不是疾病，它是对失去亲人的一种反应。失去的时间有多久，悲痛就会有多久。一条生命的逝去，意味着永远的失去。失去感蔓延在丧亲者的现在、他们对过去的记忆和对未来的期望之中。虽然最终他们会感到痛苦在他们的日常生活中只有一小部分的位置，但它并不会完全消失。他们永远不会"放下"，尽管许多人都告诉他们，他们应该放下。悲痛是一个过程，它最终能让他们带着失去亲人的绝望感生活下去，但不知道这样的绝望会存在多久。

我们怕尴尬，所以不去联系丧亲的朋友或邻居，但这与我们应该做的恰恰相反。在我收到的信中，丧亲者反复讲述着怎么才能最好地支持他们。下面是他们建议大家考虑的几个原则。

不要回避我们。我们没有能量去主动联系你们，但你们的沉默和疏离会让我们感到自己被抛弃了。

你们不需要"让我们振作起来"。这根本不可能。我们感谢你们因为关心而主动联系我们，但我们不期望你知道该做什么或说什么。其实我们也不知道，但你们可以试着说"我很抱歉""我在想着你""很高兴见到你"，甚至"我不知道该说什么"。

叫他们的名字。你不会因为提到离开的人而让我们感到更悲伤。我们喜欢听你们的回忆和故事，这感觉就像又能多看他们一眼。

"你还好吗？"这个问题太难了，没法回答。因为每一天，甚至每个小时对我们而言都是不同的。"你现在感觉怎么样？""你觉得想聊天吗？"，甚至简单的"很高兴见到你"都是比较容易回应的问候。有时，我们并不真的知道自己好不好，或者我们觉得回答你们时，应该把自己说得比实际好才行。

实际的帮助可能很有用。如果你们问我们需要什么，我们可能不知道该说什么。但你们可以试着提出具体的帮助，这样我们更容易接受或拒绝，比如"我要去趟商店，你需要我给你带什么吗？""需要我帮你遛狗、接孩子、倒垃圾、修剪草坪吗？""我给你带了吃的，就放在冰箱里。"

记得随时问候也是一种支持，但请别要求我们一一回应。可以考虑给我们发短信、留个纸条或卡片，写上"我在想着你。""如果有什么需要帮助的，跟我说。""如果你想有人陪着，我整晚都有空。""爱你。""不用回短信。"请不要过了一周、一个月、一年后就不联系我们了，因为悲痛是没有期限的。

单纯地表达善意就好，不要说那些陈词滥调。请不要试图解释生命逝去这件事，比如"他去到一个更好的地方""她现在不再痛苦了""天妒英才""至少……"相反，只要说你知道我们很痛苦，你记得离开的人，就可以了。比如"这太痛苦了，我很抱歉这件事让你这么悲伤。""我无法想象你有多悲伤，但如果你想有人陪伴，我就在这里。""我很抱歉他们离开了，我非常非常关心你。""我一直想起那个时候。""我爱他，我会想念他的。""她对我来说是非常特别的朋友。"

这很尴尬，我们明白。但是，请不要让尴尬妨碍我们保持联系。如果我们哭了，并不是因为你们做错了什么。我们哭，往往是因为你们倾听了我们的话，让我们能表达我们失去亲人的悲伤，我们感谢你们的善意。

帮助我们，让我们回到工作和社交中去。联系我们，问问我们希望你如何帮助我们回到社交圈子中。有些人喜欢自然地回到熟悉的日常生活中，不需要仪式感；有些人会希望能有卡片或鲜花来欢迎自己的回归；大多数人会感谢同事或朋友告诉我们，他们对我们失去亲爱的人感到抱歉；少数人则不希望提及此事；也有些人会希望在恢复社交的时候，能有人在自己第一次外出时陪在身边。不要去猜测人们的想法，提前问一下就好。

倾听我们。让我们回忆，讲述我们的故事。你们通过倾听，为我们营造了空间，让我们可以感受到过去的幸福和现在的悲伤。葬礼上有很多笑声，因为在那个场合，每个人都在深情地谈论离开的人。我们可以经常那样做吗？

第 4 部分

如何真正达成彼此之间的连接、共情和关怀

LISTEN

我们在第 1 部分讨论了怜悯、同情、共情和仁爱。在个人方面，我们探讨了如何营造仁爱的空间，陪伴深陷痛苦的人，而不是去想办法解决、建议、淡化或否定他们的情绪。

我们探讨了如何让人们能够安心地思考他们的困难，感到有人倾听自己；我们探索了怎样帮助他们思考如何应对和解决自己的问题，同时为他们提供一个能够返回的安全港湾；我们思考了在情绪激动时如何冷静地讨论；我们认清了仁爱地帮助别人的代价，意识到需要自我关怀来让自己保持身心健康。

目前我们已经研究过个人的自我关爱。但我们不仅仅是独立的个体，我们还属于彼此。我们是朋友、家人、同事；我们是街道、村庄、城镇或城市里的邻居；我们是兴趣小组、社团和俱乐部的成员。这些都是不同的社交群体。我们是社会人，而我们的"集体自我"就是社会。最后，让我们把注意力转移到更宏观的角度，去探索人类对联系的需求，对能够讲出我们的故事和被倾听的需要。我们在群体中的倾听空间在哪里呢？

22

找到倾听与倾诉的仁爱空间

　　世界是忙碌的。人们都忙着自己的事。我们心不在焉地在各种事务和场所之间穿梭，很少能活在当下，大部分时间在为未来可能发生的事情担心和做准备，有时也会想起已经过去的事情，或者为过去的事责备自己。当悲伤或令人震惊的事情突然出现，令我们的生活戛然而止时，我们就会从心不在焉中跳出来，进入当下。世界从我们身边经过，对我们毫无意识和兴趣，我们就像这心不在焉的世界中漂浮着的一座座孤岛。

　　在繁忙的世界中，哪里有悲伤和反思的空间？当我们解释悲伤和失望的意义时，谁会倾听我们？我们在哪里可以表达悲痛，或在孤独中得到安慰？

　　我们是社会性动物，我们本能地渴望与他人联系。然而，城市的疏离和乡村的空旷都会让社交生活变得迷茫。建立有意义的联系变得越来越难，人们意识到一种流行性的孤独。孤独指的不是人们缺乏陪伴，而是人与人之间缺乏联系。被人包围着却没有一个人在倾听我们，这可能是一个比与世隔绝更让人感到孤独的地方。

　　我们怎样才能重新建立联系呢？我们在哪里以及如何提供仁爱的空间，让人们能够见面和交流，反思和恢复平衡的关系？我们在哪里能够倾诉，感受被倾听，体验人与人之间的联系、共情和关怀？

悲痛的瓦莱丽寻找仁爱的回应

　　瓦莱丽的耳朵又热又痛。她已经把电话举在耳边二十分钟了，听着话筒里尖细的音乐声不时地被录音通知打断，提示她的来电对保险公司来说有多重要。她手里有一份任务清单和一杯茶，茶水已经凉了，变得灰暗浑浊。她努力不去想那些正在冷却的事物。欧文的手在她与他告别时一直很冷。他怎么会死呢？恐慌再次袭来，她摇了摇头。音乐突然换了，从莫扎特变成阿尔比诺尼，或者并不是阿尔比诺尼，她只是最近才发现而已。她叹了口气。

　　"寡妇"，多么奇怪的词。她怎么能把自己当成一个寡妇呢？她盯着面前的清单，是欧文临终时写的，列出了他死后需要处理的所有事情。银行、汽车保险、房屋保险、电话和电力公司、信用卡、图书馆，她要打电话给所有这些机构，去注销欧文的账号。她还要找两人共同支持的慈善机构，把欧文的名字换成她的，前提是她还有能力继续捐款的话。首先是重新安排银行账户的问题。银行的工作人员告诉她，因为欧文已经死了，所以她不能从他们的联合账户中取钱，也不能使用她的银行卡：她应该在告知银行前先取些现金出来。"怎么会有人知道这些呢？"瓦莱丽想，"这是我第一次失去丈夫。"

　　"庞切斯特保险，谢谢您的等待，我叫玛克辛，请告诉我您的名字。"一个活泼的声音突然打断了阿尔比诺尼的音乐。

　　"瓦莱丽。"瓦莱丽说。

"您贵姓呢？"玛克辛悠扬地问道。

"安诺弗，"瓦莱丽说，"安全的安，承诺的诺，弗洛伊德的弗。"没有人听说过这个姓，她结婚以来一直要一个字一个字地跟别人说她丈夫的姓。

"请问称呼您安诺弗小姐、太太还是女士？"玛克辛用梦呓般的低沉声音问道。

瓦莱丽无法思考。她还是太太吗？有没有一个不同的称谓能表明"我的丈夫已经死了"？她犹豫着。

"抱——歉——"玛克辛拉长声音道，"也许是夫人或博士？"瓦莱丽感到很疑惑，只是说明她是谁怎么会变得如此困难？但她现在是谁呢？

"我丈夫刚刚去世，"瓦莱丽对着电话结结巴巴地说，"我曾经是太太，但我不知道丈夫去世后是否会改变。你现在会怎么称呼我？"

"哦，那还是太太，"玛克辛并没有改变她轻快的语调和说话节奏，"请问今天我能帮您做什么呢，瓦莱丽？我可以叫您瓦莱丽吗？"

"我刚刚告诉你，我的丈夫死了。"瓦莱丽回答说。

"是的，瓦莱丽！您确实告诉我了。我也告诉您了，您的称呼仍然是太太，那么请问您今天为什么打电话来呢？"

"为了告诉你，"瓦莱丽说，"告诉你欧文已经死了。还为了保险，为了保单上的名字。"

"哦，好的，"玛克辛机械地说，"那您想知道保单的价值吗？您有公证过的遗嘱吗？您是遗嘱执行人吗？"

"你说什么？"瓦莱丽问道。这是什么话？这些词都是什么意思？玛克辛是真人吗？还是有一台银色的小机器人在电话的另一端，对她蹦出这些词？

"您能提供保单号码吗？"机器人活泼地问。碰巧的是，欧文在每个公司的名字旁边都打上了保单号码，还有电话号码。他就是这么有条理的人。曾经是，他曾经是这么有条理的人。瓦莱丽读了保单号码，玛克辛空洞地重复着每一个数字。瓦莱丽可以听到玛克辛敲打着键盘、输入号码的声音。

"哦，这不是人寿保险，瓦莱丽！这是你们的房屋保险。这是正确的保单吗？"

"是的，这是我们的房屋保险，"瓦莱丽说，"这就是我打电话的原因。因为它现在是我的房子，不是我们的房子。好吧，它仍然是我们的房子，我们住过的房子，但欧文不在了，欧文不再是……现在是他的名字，但是我的房子，你明白了吗？"瓦莱丽的声音在恳求"请理解我"，但玛克辛的声音仍然活泼悠扬。

"您有死亡证明的副本吗？"他欢快地问道，"您需要把它上传到我们的网站。上传完之后，我们就可以把名字改过来。您手头有笔吗？我告诉您网站地址。"

"上传？"瓦莱丽重复道。听起来这要用电脑，而瓦莱丽不太会用电脑。通常，与电脑相关的事，她都会让欧文来做。但是现在……

这种情况既悲惨又常见。像瓦莱丽这样的人不知会遇到多少这样的接线员，他们走着流程，丝毫不在意听到的事情。他们听而不闻，只接收信息，但忽略背景。这是典型的注重功能和效率，而忽视了仁爱之心的例子。所有失去亲人的人都会遇到这种情况。人们在通知雇主或法定机构关于残疾或疾病、裁员、精神健康问题、法律问题、离婚和分居的事时，也会遇到类似的对他们困境的漠视；也有一些优秀的个例，有些公司会培训他们面向公众的员工，去注意这些情况，在适当的时候表达共情和支持。但很大程度上，企业仍然以交易为主，并不注重对客户的情感支持。

瓦莱丽最近去世的丈夫欧文，是一名业余汽车机械师。他喜欢玩儿发动机和各种机器，他自己组装了一台电脑，喜欢吃辣椒酱，是个音痴但热爱唱歌。但是现在已经没有人可以和她一起笑着聊起这些了。从教师岗位上退休后，他就喜欢把旧的机器拆开来修理：缝纫机、洗衣机、摩托车，只要不是最新式的东西，他都能修。他曾经开玩笑说："只要不是带芯片（chip）的和炸薯条三明治（chip butty），都不在话下"。他曾经是当地高中的技术课老师，所以高中也是瓦莱丽的下一个致电目标。

就连学校的电话也是自动语音，她很惊讶，她的心沉了下去。"通知学生缺席，请按 1；考试办公室，请按 2；低年级行政处，请按 3；高年级行政处，请按 4；图书馆，请按 5；人文关怀或特殊教育需求，请按 6；六年级咨询，请按 7；其他事务，请稍候……"她等待着。话筒里的音乐比保险公司的好，是年轻人在唱什么"一生一次"。

"南区高中。请问有什么事情？"一个女声说。瓦莱丽并没有准备好要说什么。在被问了几个小时的问题后，她对突然能自己组织语言说句完整的话，竟感到措手不及。

"我是瓦莱丽·安诺弗。我是……"

"哦，安诺弗太太！我是综合办公室的吉莉安。我们都非常非常抱歉，我们今天早上听说了你丈夫的事，我们都很喜欢欧文，我……我们……哎呀，你还好吗？"

能与一个听起来很悲伤、能说出欧文的名字、关心他的人交谈，这种解脱感是无与伦比的。瓦莱丽感到自己从紧张焦虑的脆弱状态沉入一摊无形的悲伤中。她无法说话。

"对不起，这是个愚蠢的问题，"吉莉安说，"你一定很伤心、很震惊。我们都不知道该说什么，但我很高兴你给我们打电话。新校长伯顿先生，他不认识欧文，但欧文的大多数老同事都还在这儿，我们都很难过。我们能做些什么来帮助你吗？你想让学校帮忙打印葬礼流程单吗？或者派乐师参加欧文的葬礼？我们之前帮其他人做过这些，我们非常愿意尽力帮忙。"吉莉安不再说话。瓦莱丽深吸了一口气。

"我刚刚真的不知道我需要什么，"她说，"我打电话是想确认你们是否已经知道欧文的事。我还没想过葬礼该怎么办，谢谢你的这些想法。我也没有想过流程单的事，但欧文留了一份音乐清单。我想他希望葬礼能有学校的参与。"

"学校当然会去，"吉莉安亲切地说道，"把你的电话号码告诉我，我让格林太太给你打电话。你还记得阿曼达·格林吗？那个音乐老师，她负责学校的合唱团，他们非常棒。六年级的学生也记得欧文，他们会愿意帮忙的。"

做得很好，综合办公室的吉莉安。她不确定该说什么，但她不是在遵循一套流程，而是表达了共情和关心，为瓦莱丽提供了实际帮助，还谈到了他们之间的关系，这些都是建立联系的标志。虽然瓦莱丽很伤心，但她也被这样的回应所安慰。你看，通过电话也能够表达仁爱之心。学校从欧文的朋友阿尔比那里得知了他的死讯。欧文担任技术课老师时，阿尔比是人文关怀处主任。他们是一对能解决紧急麻烦的好搭档：有学生崩溃的时候，阿尔比会出手相救；而有设备出现故障时，欧文就会伸出援手。因此，学生们亲切地称他们两个为"阿欧应急小组"[①]。退休后，欧文不能继续使用学校技术部门的那些大型工具了，而阿尔比则少了人陪伴。于是，他们找到一个叫作"男士工棚"（Men's Shed）的组织。在那里，喜欢制作或修补东西的男人，和一些女人聚集在一起，使用那里的工具，制作、修补和思考，或者友好地聊天，或者各自待着。当然，工具并不是最重要的，最重要的是与人的联系。男士工棚欢迎那些想利用其资源的人加入这里。有些人加入是因为他们从小道消息中听说，这里的氛围很友好，而且有车床、线锯和其他理想的工具供大家使用。欧文和阿尔比还遇到过由全科医生介绍来的人，这是国家医疗服务体系"社会处方"行动的一部分，专门帮助人们建立联系和活跃起来，以增强他们的身心健康。社会处方行动是一个国家计划，以提高生活质量的方式将人们联系起来，活动包括介绍各年龄段的人加入"户外健身房"，即通过维护公共户外空间的活动来进行锻炼，还有步行小组、合唱团、编织社团、社区园艺小组、体育俱乐部和许多其他活动团体。这些都能让我们认识到自己是社会中的一员，与他人联系对我们有好处，能提高我们的情绪，让我们保持健康的心理状态。

　　这些活动提供的是"仁爱的空间"，是一个有归属感、与人联系、讲述我们的故事、倾听他人的故事或一起创造新故事的地方。在新冠肺炎疫情流行期间，情绪问题的增长与恐惧、悲伤和失去心爱的人有关，但主要还是来自社会隔离的影响。观察社会团体在虚拟环境中的自我重塑非常有趣：线上合唱团、问答比赛、兴趣小组，为有共同兴趣或相似生活困难的人设立的社交媒体论坛，还有在线瑜伽、冥想、舞蹈或健身培训的兴起。成员们在网上讨论他们的健身课程，就像他们以前在健身房锻炼后在停车场聊天一样。

　　我在网上发现了许多能够提供共情的社群。作为社交媒体的新手，我感到

---

① 在英国，阿欧应急小组（英文写作 AA）是汽车协会，其工作人员提供道路救援服务。

大为惊叹。从读书会到慈善支持者社群，从悲伤交流群到宠物照片交流群，从本地居民团体到帮助不能出门的人购物的志愿者群，从手工艺人、自然爱好者到食谱交换群，都是分享兴趣的社群。一个陌生人在我的社交媒体主页上发表过一条评论，说自己在悲伤中感到迷失。这条评论吸引了许多好心人回复，他们会表达同情、在网上提供陪伴、回答他的问题并提供有用的资源。而我往往都要在几个小时或几天后才会发现这类评论。这些线上社群都是自发的。尽管在社交媒体世界中也存在一些众所周知的不太积极的影响，但我仍在那里发现了仁爱之举和愿意相互倾听的爱心，这让我感到非常温暖。

我们的公共空间呢？并非每个人都有能力并喜欢上网。在现实空间里，人们可以在哪里见面和联系呢？医院、市政厅、图书馆都有公共空间，但它们是否提供了让人们联系的空间呢？我们看到了一些鼓舞人心的发展，同时也需要更多的思考。在前面的章节里，我们认识了劳拉和艾伦，当时他们刚刚发现劳拉流产了，富有仁爱之心的医护团队给他们提供了一个房间，远离其他准父母，以便他们去整理自己的情绪，哀悼他们失去的孩子和期望。

皮特带那对悲伤的夫妻去的休息室，其私密性代表了医院里一种并不常见的资源：一个可以远离医院的喧嚣和其他患者的地方。这些患者可能会引起其他患者的痛苦，也可能会被其他患者的痛苦所影响，变得更难过。然而目前现实的状况是：在一些医院里，刚刚失去亲人的人来领取逝者的物品和相关文件时，要和其他来访者一起坐在公共的等候区；在有些诊所里，检查不孕症的女性要和去终止妊娠的妇女坐在一起，每个人都会被对方的痛苦触痛；在有些产科门诊，因为即将出生的婴儿有身体和认知困难，所以焦急地去产检的父母，要与怀着健康婴儿的欢乐家庭一起候诊。

有时，在医院接收不受欢迎的消息会格外困难，因为听到不幸的同时还需要做出紧急决定。例如，当有人被诊断出患有癌症时，那么以同理心可以认识到，这是一次会改变人生的谈话，是至关重要的。无论他们做了多么充足的心理准备，患者对这个消息都会有深刻的、非常个人的反应，他们的生命也可能会改变或缩短，身体还可能会在未来发生变化，个人关系和角色平衡也都可能会发生转变；坐在诊所房间不舒服的塑料椅子上的人，脑中可能会涌出所有这些潜在生命变化的画面；而这时还有一些紧迫的决定要做，但他们怎么可能立刻把心思放在手术日期、各种治疗方案、营养建议、分期检查等问题上？这时就有必要暂停一会儿，给他们时间和空间，去处理这个消息带来的震惊、悲伤和难过。只有这样，他们才有可能开始理性地讨论实际问题。然而，没有空间就意味着，当他们挣扎着接受那个消息时，我们却催促着他们去做决定。

　　我们如何设计诊所，以便让人们在不知所措时有安心的空间自处？这正是人们所需要解决的问题。目前，我们的临床空间并不适合情感的表达：公共候诊室，灯光明亮，座椅稀少；除了厕所隔间，没有能坐下来思考或哭泣的地方；咖啡馆也没有隔间或挡板。没有哭泣的空间，是在公开否定医院里会有坏消息的可能性。仁爱的医院会提供时间、平静的空间和训练有素且愿意陪伴的工作人员，作为一项基本的服务，给任何收到足以改变生活的消息的人，无论他们是要面对死亡，还是要面对自己或亲人的生活预期发生了不受欢迎的改变。

　　医院里缺乏私人空间，不仅影响患者和他们的家人或同伴，也对工作人员有所影响。在传达了不受欢迎的消息或处理了工作中的紧急事件后，心烦意乱的医生或护士没有地方可以获得片刻安静的休息；同样的情况也发生在护工身上，他们会遇到心烦意乱的患者和家属，或者眼看着自己曾在诊室间陪伴运送的患者，最后出现在停尸房里；清洁员们在打扫卫生时会遇到混乱或者令人心碎的场景；行政人员在处理家属悲伤的来电或在电脑上敲打悲惨的出院信时也是如此。我们在水房里哭泣；我们坐在床单柜前的地板上；护士长邀请我们去她的办公室，到了却发现里面塞满了做交接报告或开会的工作人员。作为工作人员，我们至少知道可以躲到哪个更宽敞的柜子里；但对住院患者来说，坏消息是在病床旁宣布的，除了在病房里，他们没有地方可以哭泣。医院并没有提供让人们体会心碎的空间。

　　然而，众所周知，医院的"治疗环境"会影响患者康复的进程。研究表明，即便是很简单的环境变化也会有重要的作用，能改善患者的健康、情绪，甚至手术的康复率等问题。这些环境因素包括，从床上能看到的景观窗户看出去是绿色植物而不是一堵墙，自然光的照射和有节律的昼夜变化，还有是否存在干扰的噪声。在所有的公共场所中，医院是人们最常处理和应对坏消息的地方。在医院里，人们消化不想面对的新现实，面对疾病和伤害、心痛和悲伤、死亡和悲痛。医院迫切需要设计仁爱的空间，来支持患者以及患者家属还有医院员工的身心健康。

　　瓦莱丽要去做欧文的死亡登记。他是在医院离世的，十分突然。他的前列腺癌当时已经扩散到背部，双腿也无法活动。他让瓦莱丽把他的电脑和文件带到医院，他在电脑上打出自己关于葬礼音乐和安排的喜好，类似"用火箭把我发射到太空。如果觉得太麻烦了，那你们喜欢怎样都可以"。这样的内容；他准备了一张清单，列出他死后瓦莱丽需要处理的所有事，还把清单发给阿尔比打印出来，因为瓦莱丽向来不喜欢用电脑；他给律师发邮件说他快死了，如果瓦莱丽在遗嘱方面需要帮助，请一定对她好一些；他原本希望能再坚持几个月，也在努力练习自己使用轮椅行动，但他突然出现呼吸困难的症状。瓦莱丽到达医院时，他已经失去意识了。如果不是花了四十分钟才在医院停车场找到一个车位，她到病房的时候他可能还醒着，但欧文再也没能恢复意识。这件事说明，医院还需要提供仁爱停车场。

　　瓦莱丽的手提包里装着医疗证明，上面写着"肺栓塞"。她在市政厅的停车场里停车，那里的单行道系统令人费解，是逆时针方向行驶的，让她完全懵了。她不知道自己是不是应该先付费再停车，而她也没有零钱，感觉一切对她来说都很困难。医院的丧葬工作人员非常好心地为她预约了登记处。"别在星期一去，"他说，"星期一等候室里都是刚当爸爸的人，所有周末出生的孩子都挤在星期一注册。星期二再去吧。"所以她现在才来到这里，跟着指示牌穿过这座维多利亚时代的哥特式建筑，前往"出生、婚姻和死亡登记处"。她记得自己曾在这栋楼里和欧文宣誓成为一对新人，但指示牌指引她向结婚登记处相反的走廊走去。她发现自己还得沿着华丽的楼梯再上一层，去三楼。

"电梯在右边，亲爱的。"一位清洁员说，她正在为楼梯旁精雕细琢的栏杆除尘。瓦莱丽觉得自己可能在那些楼梯宽阔的转角处拍过婚纱照。不知为何，一切感觉都很模糊。"你还好吗，亲爱的？"清洁员问道，"你在找登记处吗？有人去世了吗？"瓦莱丽点点头，觉得很无力，她希望她更能感觉到当下，但自从欧文死后，一切都感觉很陌生，很遥远。

"在这里，"清洁员亲切地边说边把她带到电梯前，按下按钮，"你进电梯后按三层，出来之后左转，直走就到了。"

"你会好起来的，亲爱的。我们最后都会习惯的，我们也必须习惯，不是吗？"清洁员握了握瓦莱丽的手，瓦莱丽意识到已经好几天没有人触碰过自己了。瓦莱的独自一人走进电梯。清洁员看着电梯门关上，里面的女人面色苍白，左右脚上穿着不同的鞋，这些状况，她以前都见过。

好心的清洁员说的没错，通往登记处的门在左边，直走就到了。瓦莱丽并没有记住她是怎么说的，只是当电梯门打开时，左转是唯一的选择。她推开那扇光洁的木门，向周围瞥了一眼。有一个接待处。接待员抬起头来，对她笑了笑。"是汉诺威夫人吗？"接待员问道。"安诺弗，安——诺——弗——"瓦莱丽边走边说。

"请在那边坐一会儿，轮到你时我们会叫你。"接待员说。

疾病、事故、丧亲、新冠肺炎疫情期间的隔离措施，这些经历都令人迷失了方向，断开了人们之间的联系。尽管社会联系对我们的健康至关重要，但前提是我们可以控制这些联系：邀请和接受、相互负责、相互认同的对话等原则既适用于家人和朋友之间，也适用于我们在其他场合寻求或提供支持和建议时。我们需要根据我们的意愿，在有利于会面和保护隐私的空间与他人联系。关键是，我们得有选择。有些时候我们需要有人陪伴；有些时候我们虽然独自一人，但我们知道如果需要的话，就会有人陪伴我们，这也令人心安。

自古以来，人们都在社群中生活。我们知道，孤独和隔绝有损人类的健康，我们也知道，过度拥挤和缺乏隐私是有害的。20世纪下半叶，随着城市贫民区的清理和新住房方案的开发，提供"住宿"的热潮兴起，但它并没能提供"家园"。街坊关系、邻里情谊和社区认同，被社会上实验般的高楼生活或孤零零的郊区住宅区所取代。我们知道，住房开发需要以邻里为单位进行规划，来创造相互联系的社区：邻居们需要能相互见面和打招呼，有自己的私人空间，并且仍然能按照自己的意愿选择与其他住户联系；只为有车一族设计的住宅区，让步行的人必须绕远路才能去商店或学校，没有可以穿行和连接的道路；公共住房小区会让居民产生束缚感，甚至厌恶那些过度拥挤、人人都能用却人人都用不上的共享区域，进而变得粗鲁和冷淡。在英国，像设计协会这样的机构与中央和地方政府以及居民和社区合作，促进了公共空间的融合、联系和可用性。他们的工作内容小到单个建筑，大到整个城市的社会融合项目。当然，我们要做的还有很多。

市政活动中心对于确保社会联系也有十分必要责任。过去，不同社区的人可能会定期聚集在某个礼拜场所，而在更加多元且日益世俗化的社会中，人们需要新的聚会场所。图书馆经常发挥这一功能，它能提供公共信息和建议，提供商业技能或IT知识的培训，还能提供电脑等设备供大家使用。图书馆还开设特殊兴趣小组，比如，举办儿童阅读和故事活动，为家长带来社交机会；还有适合阿尔茨海默病患者的活动，为失去社会独立性的阿尔茨海默病患者提供相互联系的场合，也让照顾他们的家人在活动中相互汲取能量；"聊天咖啡馆"等活动，鼓励陌生人在一起聊天，有些对所有人开放，有些则只为让特定的人群倾诉他们难以和家人谈论的话题而开放，比如"悲痛咖啡馆"和"死亡咖啡馆"。公共图书馆的消失是一种文明的倒退。与人联系有益于提升人们的幸福感、减少医疗费用。仁爱的城镇和农村社区需要设立方便的社交中心，来促进民众的身心健康。

瓦莱丽坐在市政府登记处的等候区，将手提包放在膝盖上，正视前方。她的包里装着欧文的医疗证明等单据。等她拿到死亡证明后，她需要复印很多份寄给不同的机构。欧文已经把这些机构的名单打出来了，她无法想象自己怎么能找到名单上所有的人：养老金机构、残疾人停车证办公室、护照办公室等。就在这时，她的思绪被一个声音打断。

"是安诺弗太太吗？您好，我是登记员德里克·詹宁斯。我很抱歉听到您是来做死亡登记的。能请您跟我到办公室来吗？"他扶着一扇门，瓦莱丽走进去，来到一间俯瞰停车场的办公室。她不记得自己是不是先付了钱才停车的，她担心怎么跟欧文解释停车的罚款。除非……

"请坐，安诺弗太太，"登记员说。"我会向您了解一些细节，也会向您解释一些事情。我会给您所有的书面信息，还有一个文件夹，您可以把它们放在里面。我知道在这样的时刻，要记住所有的事情可能非常难。"他露出安慰的笑容，瓦莱丽觉得自己的恐惧稍稍减轻了一些。她很惊讶自己一直感到如此焦虑。"我难道不应该感到悲伤吗？"她想，"并不只是混乱和恐惧，而是悲伤。可能之后我才会感觉到吧。"

她打开包，拿出两个信封，一个是医院的棕色信封，里面装着医疗证明，另一个是白色的大信封，里面装着有关夫妻俩的所有文件：出生证、结婚证、国民保险卡、国家医疗保障卡、护照、驾驶执照。欧文很善于给东西归类、贴好标签。她觉得她已经在失去一些标签了，但心里又想："失去标签？这是一回事吗？我不太清楚。"她还拿出了欧文的清单，这样就感觉好像他在那里指导她一样。

　　登记员询问欧文出生证明上登记的全名，于是瓦莱丽把白信封里的东西都倒在宽大的桌子上。登记员对她笑了笑。"谢谢您，安诺弗太太，我需要的全在这儿了，很多人都不知道去哪里找这些信息。我希望您搜集这些资料并没有很麻烦。"

　　"哦，一点儿也不麻烦，我丈夫非常有条理。曾经，曾经非常有条理。"她吸了吸鼻子。

　　"我很抱歉，我知道这是段很艰难的时间，"登记员说。"请原谅我暂时不说话，先把所有这些信息输入到记录里。"他拧着眉头，在电脑上敲打着：姓名、出生日期和地点、出生证明号码、国家医疗保障卡号码以及瓦莱丽信封里的所有信息。

　　"我现在去打印死亡证明，"登记员说，"我知道您可能需要一些复印件，去处理银行和保险单。有些官方机构也需要知道您丈夫已经去世，我可以帮您解决这个问题。有一个叫作"一次性通知"（Tell Us Once）服务平台，我可以通过这个平台，代表您通知所有的政府机构。我看到您有一份清单。"他指了指她手中的纸。

　　"对，这是欧文帮我整理的，上面写着所有我需要通知的人。"她说。

　　"需不需要我在上面勾出我能帮您通知的机构？"登记员提议。瓦莱丽便把桌子上的文件推给了他。"好的，"他说，"这份清单很全面，安诺弗太太。您丈夫真的非常有条理。让我看看……好的，我可以通知护照办公室、养老金机构，还有他的公共养老金，不包括他的私人养老金，我还需要告诉他们您的国民保险号码，以便他们重新计算您的养老金。他们会写信给您，解释接下来会发生什么，然后就会停止他的养老金。"他抬起头，确认她是否听到了。瓦莱丽点了点头，他又接着看清单，"管理驾照的部门，还有公路税那边，国家医疗保障卡，图书馆，残疾人停车证办公室……"他整齐地打着勾，瓦莱丽想，欧文会喜欢这一排整齐的勾。"所有的政府机构，一下子就都通知到了。我们希望这样能帮您减轻一点儿负担。它帮您解决了清单上的一大部分，您看到了吗？"

"一次性通知"是对丧亲者的行政负担作出的仁爱回应。丧亲者们反映了国家医疗保障卡预约、公路税续订和政府机构寄给死者的信件所造成的心痛和混乱，而这个平台便是国家针对丧亲者的痛苦反馈所采取的行动。它表明了国家能够倾听，并能够对此作出良好的反应。我们需要做更多类似这样的事情。倾听可以使个人、组织和国家提供仁爱的回应，减轻人们在困难时期的负担。

倾听服务可以拯救生命

倾听的力量远不止于此。它还可以拯救生命，为有自残或自杀念头的人提供倾听服务，能让他们由行动转为等待，从隔绝走向联系，从感到孤独变成感到有人理解自己。撒玛利亚会是全国性的慈善机构，其愿景是减少自杀造成的死亡。撒玛利亚会在英国和爱尔兰共和国提供免费的电话、电子邮件和面对面支持。他们全年每天二十四小时都有人提供服务，这项服务由成千上万的志愿者提供，志愿者们经过精心挑选，然后接受培训，成为倾听者。他们的培训向所有志愿者传授了支持他人讲述自己故事的力量。仅在过去五年中，他们估计每七秒钟就会接听一个求助电话。撒玛利亚会的工作对数百万人的人生产生了重大影响，但他们不做任何建议或干预。相反，他们倾听他人；他们使用有益的、好奇的问题，让对方能够完整地探索自己的故事；他们提供空间，让来电者能够说出自己的痛苦和无助，讲述自己的故事并考虑如何应对困难，让来电的人能够探索除自杀之外的其他选择。有些人在马上要采取行动结束自己生命的边缘打来电话，还有人在悲伤、恐慌、自我怀疑或孤独中拿起电话。这里没有评价，有的只是平静而仁爱的倾听。他们专注于倾听故事，探索来电者当下的想法和感受，用沉默和简短的表达和支持来鼓励来电者倾吐内心，并确认理解，以表明接听者在认真地倾听。倾听是一条生命线。

撒玛利亚会举行了一项减少铁路自杀死亡的活动，非常的成功。撒玛利亚会成员培训了超过一万五千名铁路员工，教这些铁路员工如何在车站、铁路交叉口和火车上，接近那些看起来很痛苦的人，并掌握和那些痛苦的人谈话的技巧。这个活动对减少铁路自杀行为产生了显著的影响。随后，在英国铁路网公司（Network Rail）的资助下，他们又开展了一项让公众参与的活动，名为"闲聊可以拯救生命"。仅仅与一个人闲谈，就已经拯救了他的生命，因为他的自杀念头被关心他的路人打断了。他们提了天气，询问了火车时间，询问了他的名字，或者非常简单地问："你还好吗？"据估计，由于这种关心他人的意识的提高，现在在铁路上自杀的人，被救的人数是死亡人数的六倍。这就是人与人之间联系的力量。

有个名叫"改变时间"（Time to Change）的心理健康运动鼓励大家"问两遍"。这又一次提醒我们，愿意倾听的力量。当我们问别人是否还好时，他们几乎会自动回答"是的，我很好。""问两遍"提醒我们，通过再问一次，既表达了我们自己的关心；也表明了我们的问题不只出于单纯的礼貌；还有可能让对方承认自己的痛苦、挣扎或困难，然后开启一场有益的对话。问两次表示，"我愿意倾听"。

世界各地都有自杀预防或危机干预的倾听服务。

瓦莱丽在市政大厅等电梯回到入口那一层。她不记得家里是否有什么东西可以做给欧文晚上吃，也许她应该在回家的路上买点东西。当电梯铃声响起，电梯门滑开时，回忆带给她的冲击让她跳了起来。她浏览着大楼里的部门和楼层，借此分散自己的注意力。"死因裁判法庭"在第一层，瓦莱丽记得那里，她和欧文曾去参加欧文父亲的死因调查询问。那一定是很久以前的事了，她想。不知道那里现在是不是还有地方可以坐。她还记得在法庭宣布裁定后，欧文想和病理学家悄悄说几句话。裁定和预期的一样，是"职业病"。欧文的父亲在造船厂工作，吸入石棉粉尘导致肺部疾病，许多工人都会得这样的病。但悄悄说几句话是不可能的：唯一能说话的地方就是站在走廊上，周围是等待下一个案子的家属和熙熙攘攘的工作人员。她记得，等待中的家庭成员之间有些争执，很多人在大声叫嚷着。电梯门打开后，她回到了那座华丽楼梯的底部。好心的清洁员已经走了，瓦莱丽重新沿着她先前的脚步，回到门厅，经过当地学校制作的这个市政厅的缩尺模型，走到了停车场。她觉得欧文可能说过那个模型，她准备等一下问问他。

英国的女王陛下法院及审裁处事务局（HM CTS），和国家医疗保障局一样，在全国范围内持有或租赁建筑物，是为民众提供服务的场所。女王陛下法院及审裁处事务局提供的是司法服务场所。与国家医疗保障卡一样，使用的场所有老建筑，也有新设施。老建筑的功能随着时间的推移而发生变化，而新建筑由于刚建不久，所以受益于女王陛下法院及审裁处事务局最近对其房产的检查，吸收了其中对法院和法庭建筑设计和装修的建议。在这些地方，经过严格审查后作出的判决，对一些人来说是悲伤、指责和羞耻，而对另一些人来说是漫长等待后的洗脱罪名。随着正义的伸张，有些家庭得以建立，有的则破碎了；有些声誉和生意得到挽救，而有的则被摧毁。没有能力为自己做决定的人该如何护理、进行哪些医学治疗，这样的家庭纠纷可能会在这里得到解决，其结果让一些家庭成员感到满意，而另一些则会感到绝望。就像瓦莱丽和欧文所经历的那样，在死因裁判法庭上，验尸官会尽最大的能力确认死者的死因，裁定结果可能缓解，也可能加重丧亲者的悲痛。这些都是非常重要的决定，关系着人们深刻的情感。因此，这里当然需要有个仁爱空间来消化情绪吧。

可悲的是，就医院而言，无论是医护人员还是患者和家属，都缺少受保护的空间，来进行安静和敏感的谈话。医院太过繁忙，人数太多，等待空间很难做到私密性强且关怀备至。对它们而言维持秩序和安全的需要，优先于为温和谈话提供空间，即使这样的谈话很可能挽救一个家庭的破裂或个人的痛苦。在刑事司法系统中，陪审员可能会听到和看到非常令人不安的信息，但他们发现自己无法与最亲近的支持者讨论自己的痛苦；在结果宣判后，家人可能会与被定罪的亲人分离，没有告别的时刻；在家事法庭上，对立的双方可能不得不在同一个公共等候区等待听证会开始。

女王陛下法院及审裁处事务局所属建筑物设计的官方指南强调：有必要确保场所使用者的安全，并让他们感觉到他们在场所使用和个人尊严上的需求得到了理解和满足。但指南的内容更多的是关于确保法院和法庭的尊严和权威，而不是对服务使用者的温和安慰。该指南承认，开放的等候区以及可以使用的咨询室，是使用者为听证会做准备的空间。看来，谈话还是得继续在走廊上进行了。

女王陛下法院及审裁处事务局服务的根基是确定真相，或在困难情况下决定如何采取正确的行动。法院的设计或目的不是为受具体案件影响的人提供反思、考虑和讨论的空间。当事情升级到法院时，反思的时间通常已经过去了；就像医院一样，司法大楼并不是为温和安慰而设计的，而是为了处理最关键的事务。虽然危机往往可以成为人们相互联系与和解的催化剂，但司法系统的对抗式程序和冰冷无情的建筑通常会减少这种可能性。

瓦莱丽回到家，发现她的房子安静而空旷。在接下来的几天里，欧文的葬礼安排会让她忙得不可开交；朋友和家人会聚集在一起，除了那些因为害怕说错话而无法和她说话的人——他们会完全避开她，从而加深她的痛苦。无形中，人们开始与她失去联系：他们可能想联系她，但觉得自己心烦意乱，不知如何联系；想发出的邀请并没有说出口；卡片放在那里，他们本想写、本可以写，后来就不会再写了。孤独不是一种选择，它是由切断我们联系的环境强加而来的。有些日子，瓦莱丽会享受孤独；但有些日子，她会渴望有人陪伴。最重要的是，她会怀念与那些认识欧文、记得欧文的人轻松交谈并一起分享关于他的故事的时光；她会怀念能说出他的名字，并听到别人说出他名字的那些时刻。

她最珍视的时刻之一是收到南区高中寄来的包裹时，里面有教职工和学生的慰问信。"安诺弗老师"在五年前就退休了，但高年级学生和大多数教职员工都对他怀有美好的回忆。学生们在留言、卡片和信笺中回忆着安诺弗老师如何给他们带来信心，技术课教室如何成为学生难过时的避风港，在繁忙的学校中提供了令人安心的空间；他总是乐意倾听，每次碰到看起来很苦恼的学生时，总能找出一个"需要帮忙"的任务。学校需要设置仁爱空间，人们也在评估如何在学校设置安静的房间或户外场所，让学生可以在那里安静地学习，或从同伴们的喧闹中解脱出来，去安静地思考或交流。欧文·安诺弗凭自己的直觉在高中营造了一个"安静的空间"，在没课的时候和放学后，学校欢迎所有的学生，无论是去做模型，还是只想找个舒适的空间安静地思考。安诺弗老师成为像杰克这样的学生最喜欢的老师，是有原因的：他心怀仁爱，并懂得认真倾听。

新型谈话空间的建立

英国和爱尔兰潮湿多风的人行道，并不适合咖啡馆文化。尽管如此，随着各种类型的"聊天咖啡馆"的建立，一种新型的谈话空间正逐步发展起来，尽管它们主要是在室内。有些"咖啡馆"专门为有特殊困难的人群设置，如"认知功能障碍咖啡馆"和"护理者咖啡馆"；有些是为老年人或丧亲者设立的，给他们提供建立个人联系的空间；有些是为了学龄前儿童或青少年的家长成立的。有些"聊天咖啡馆"的活动真的在咖啡馆举行，有些则借用图书馆、乡村会堂和学校的场地，有些原本见面聚会的"咖啡馆"在新冠肺炎疫情后增加了线上活动。转到线上让更多人有机会加入聊天，但也会让很多缺乏必要技术和知识的人感到自己被排除在外。未来，我们既需要现实空间，也需要网络空间，这样人们便能自由地选择建立和维持联系的途径。

"死亡咖啡馆"是人们谈论死亡的聚会。"死亡咖啡馆"活动已有近十年的历史，其目的是"提高对死亡的认识，来帮助人们充分利用他们有限的生命"。活动并没有什么特别的议程，只是提供一个温馨而仁爱的空间，让可能并不相识的人能够倾诉和被倾听，分享彼此的想法和经历。作为通过声誉传播的社会特许经营机构（social franchise），"死亡咖啡馆"在网站上提供如何举办聊天会的建议。目前记录显示，"死亡咖啡馆"在 75 个国家已经举办了近 12 000 个活动。人们聚在一起，思考与死亡有关的许多问题。他们可能讨论自己的死亡，或者为亲人的死亡做准备，或者思考和预演他们希望如何在临终时与自己最亲近的人谈话，讨论自己的愿望和希望的安排。活动的规则很少，也很简单。规则是为了确保这个空间是充满关怀的，不包含任何其他的议程。活动建议中包含为参与者提供茶点；"死亡咖啡馆"的创办者乔恩·安德伍德（Jon Underwood）建议准备茶饮和美味的蛋糕。蛋糕的日常感和死亡的深刻相结合，邀请人们进入沉思和共享的倾听空间。在正确的支持下，我们可以谈论任何事情。我们只是需要有人愿意倾听我们。

在新冠肺炎疫情出现的两年前，英国就宣布了一种"孤独流行病"，并任命一位政府部长监督减少社会孤独的工作。新冠肺炎疫情期间的活动限制让更多人体会到独自一人的感受，关于孤独的讨论也随之增加了。但重要的是，应该区分，一个人是应该在孤独中渴望更好和更频繁的交流，还是应该对失去生活中有意义的联系感到悲伤。二者既可以描述真正的孤独，也可以描述一种单纯的孤独状态。产生孤独状态的原因有两个，一个是人们感知到所期望的联系和所拥有的联系之间的差距，另一个是关于人们如何理解这种差距的。

忙碌的家庭生活可能让有些人渴望独处。这种自愿的、难得的独处是积极的体验，是"专注自我的时间"。静修会最初是通过沉思和祈祷进入精神独处的灵修活动，最近也演变成一种非宗教性质的健康锻炼模式。人们在这个过程中会有孤独的体验，但在这里，孤独被看作静修活动中有意义、有益处的一部分。

孤独是复杂的，"提供陪伴"也不是万能的。任何解决孤独问题的措施都需要从多方面入手，来应对其中各种相互关联和混杂的原因，还要认识到孤独对老年人、低收入者、残疾人和长期患病的人影响更大。女性比男性更容易感到孤独，还有很大一部分青少年和年轻人经常说自己孤独，尽管电子设备能让他们获得与他人的联系。或许就是手机和电脑让年轻人发现期望和现实之间的差距的。他们在网络上看到其他人发布"完美"的社交生活，相比之下，就会感到自己缺乏真实的联系。

反过来，孤独也影响人们的健康。孤独可能会导致心血管疾病和早逝，也能造成抑郁症等心理疾病。不过，只是将孤独作为一个健康问题来对待，也不太能解决问题；还需要进行细致而广泛的社会改变，来解决贫困，改善多人居住的环境设计、邻里联系，组织社会活动，并提供参加这些活动所需的实际和情感支持。优秀的居住区设计，会设置所有居民都能使用且感到安全和温馨的空间，如步行区、公园、商店、市场和商业街，人们可以在那里见面和打招呼；或者在咖啡馆、图书馆、乡村会堂、地方活动中心、休闲设施或礼拜场所共度时光。

邻里之间的情谊可能是偶然产生的，也可能是社会政策鼓励而产生的，但除非我们主动去拥抱它，否则它不可能发生：我们应当是彼此的邻居。当我们看着政治家和运动团体实施抵御孤独的策略时，也许我们也该问一问自己，作为个人，我们在解决社交孤立和孤独方面的作用是什么。

我们怎样才能将温和谈话的技能融入社会生活中？一个"善于谈话的国度"对我们有什么益处？归根结底，这不是关于其他人的事。那些面对困境、焦虑和困顿的人，那些不知道说什么或如何开口的人，那些为了健康和幸福需要与人联系的人：他们就是我们，而我们都是"沟通"舞池中的舞者。

有时，变化不是在我们等待领导者和新策略诞生时发生的，而是在我们根据已知事物采取行动时发生的。对联系的需求影响着我们所有人，改变可以从我们中的任何一个人开始。所有人都可以根据这句真理行动起来：共享仁爱能改变许多人的人生，而倾听是一个好的开始。

　　本书酝酿了很长时间。我深深地感谢四十年来，在医院、安养院、社区和大学里与我共事的所有患者、家属和同事，感谢你们的智慧和榜样力量。你们向我展示了谈话中态度温和的重要性，并激发了我对如何发展倾听技巧的好奇心。感谢所有读过我上一本书《好好告别》的读者，他们与我联系，告诉我在他们的经历中，温和与不温和的接触所带来的影响。我也感谢读者们寄来大量的信件，探讨我们在未来如何变得更温和。

　　在同我的经纪人安德鲁·戈登（Andrew Gordon）和我的编辑阿拉贝拉·派克（Arabella Pike）一起认真思考读者的反馈时，我觉得我可以把对温和谈话的理解汇集成一本书。在写这本书时，我亲爱的家人不得不在生活中忍受我：感谢你们的耐心，感谢你们给我提供无限续杯的茶水，给我的奋笔疾书提供了动力。

　　在写作的过程中，我咨询了各个领域的专家，以确保我对他们工作的描述是准确的。我非常感谢你们所有人愿意抽时间解答我的问题，分享你们的智慧：布里吉德·拉塞尔（Brigid Russell）和查理·琼斯（Charlie Jones），谢谢你们欢迎我进入你们的"聆听空间"（#Spaces For Listening）活动，思考被倾听的重要性；贝基·惠特克（Becky Whittaker）和杰玛·查迪（Gemma Chady），谢谢你们对用舞蹈来比喻倾听技巧的深刻见解；露丝·帕里（Ruth Parry）和贝基·惠特克，感谢你们分享了会话分析方面的丰富知识；汤姆·金（Tom King）、大卫·利特（David Leat）和雷切尔·洛夫豪斯（Rachel Lofthouse），谢谢你们跟我讨论学生的同伴支持和学校里开展的好奇心教学；简·哈里斯（Jane Harris）和吉米·埃德蒙兹（Jimmy Edmonds），谢谢你们教会我如何陪伴悲痛中的人；朱尔斯·巴斯基(Jools Barsky)和乔恩·安德伍德（Jon Underwood），谢谢你们创办了"死亡咖啡馆"；达米安·库珀（Damian Cooper）、乔·库珀（Joe Cooper）和艾利克斯·拉克·基恩（Alex Ruck Keene），谢谢你们对女王陛下法院及审裁处事务局等不同机构中仁爱空间的讨论；撒玛利亚会的朱莉·本特利（Julie Bentley）、露西亚·卡比安科（Lucia Capobianco）和克莱尔·莱蒙（Clare Lemon），谢谢你们对撒玛利亚会的活动和志愿者们的重要工作所做的深刻介绍；安妮塔·卢比（Anita Luby）和参与"讨论死亡的图书馆"（Death-Positive Libraries）活动的同事们，谢谢你们对公共图书馆中仁爱空间的发展所提出的深刻见解；玛格丽特·斯塔福德（Margaret Stafford），谢谢你介绍如何与被照看的孩子和年轻人谈话。我还非常感谢也非常想念伊恩·克拉克（Ian Clarke）和他在 JDDH 建筑事务所的同事们，他们唤醒了我对在公共建筑中提供仁爱空间的兴趣，这是他们几十年来一直倡导的理念。

我很感谢社交媒体上的许多同伴，谢谢你们让我加入你们，交流如何谈论难以开启的话题。我非常感谢你们的坦诚和对我的信任，我从和你们的交流中学到了很多。我也很欣赏你们在网络世界中能温和地相互扶持，分享彼此的悲伤，在黑暗时期并肩前行。

我的第一批读者：克里斯、乔西、汤姆和杰克琳·赖特、丹尼斯和约翰·曼尼克斯，感谢你们的洞察力和耐心；读书会成员：凯西·本、茱莉亚·伯恩、琳赛·克莱克、艾莉森·康纳、朱莉·埃利斯、山姆·耿德斯、贝达·希金斯、罗斯和杰夫·霍斯金、莉莉亚斯·赫克斯汉姆、特里·利迪亚德、克里斯汀·米尔顿、露丝·帕里、简·珀特尔、玛格丽特·普莱斯、菲奥娜·罗林森、勒奈特·斯诺登、玛格丽特·斯塔福德，谢谢你们给我的爱、时间和支持。

在写作过程中，我十分感谢大卫·埃文斯（David Evans）和爱丽丝·豪（Alice Howe）以及大卫·海姆联合公司（David Higham Associates）翻译部的同事们非常热情的支持和联络，感谢你们所有人为把这些想法推向世界所做的努力。

我永远感谢威廉·柯林斯出版社（William Collins Publisher）团队的鼓励和专业。在这不同于以往的一年中，你们一直积极且热情地支持着我。我要特别感谢阿拉贝拉·派克、凯瑟琳·帕特里克（Katherine Patrick）、乔·汤普森（Jo Thompson）、马特·克拉克尔（Matt Clacher）和肖伊布·罗卡迪亚（Shoaib Rokadiya），感谢你们始终旺盛的活力和明智的建议，还要感谢埃莉·盖姆（Ellie Game）那鼓舞人心的封面设计。

最后我想说，人类的福祉根植于社群之中，并通过倾听和理解得到滋养。谢谢所有人，感谢你们成为我所归属的社群。

凯瑟琳·曼尼克斯
诺森伯兰郡

未来，属于终身学习者

我这辈子遇到的聪明人（来自各行各业的聪明人）没有不每天阅读的——没有，一个都没有。巴菲特读书之多，我读书之多，可能会让你感到吃惊。孩子们都笑话我。他们觉得我是一本长了两条腿的书。

——查理·芒格

互联网改变了信息连接的方式；指数型技术在迅速颠覆着现有的商业世界；人工智能已经开始抢占人类的工作岗位……

未来，到底需要什么样的人才？

改变命运唯一的策略是你要变成终身学习者。未来世界将不再需要单一的技能型人才，而是需要具备完善的知识结构、极强逻辑思考力和高感知力的复合型人才。优秀的人往往通过阅读建立足够强大的抽象思维能力，获得异于众人的思考和整合能力。未来，将属于终身学习者！而阅读必定和终身学习形影不离。

很多人读书，追求的是干货，寻求的是立刻行之有效的解决方案。其实这是一种留在舒适区的阅读方法。在这个充满不确定性的年代，答案不会简单地出现在书里，因为生活根本就没有标准确切的答案，你也不能期望过去的经验能解决未来的问题。

而真正的阅读，应该在书中与智者同行思考，借他们的视角看到世界的多元性，提出比答案更重要的好问题，在不确定的时代中领先起跑。

湛庐阅读App：与最聪明的人共同进化

有人常常把成本支出的焦点放在书价上，把读完一本书当作阅读的终结。其实不然。

时间是读者付出的最大阅读成本

怎么读是读者面临的最大阅读障碍

"读书破万卷"不仅仅在"万"，更重要的是在"破"！

现在，我们构建了全新的"湛庐阅读"App。它将成为你"破万卷"的新居所。在这里：

● 不用考虑读什么，你可以便捷找到纸书、电子书、有声书和各种声音产品；

● 你可以学会怎么读，你将发现集泛读、通读、精读于一体的阅读解决方案；

● 你会与作者、译者、专家、推荐人和阅读教练相遇，他们是优质思想的发源地；

● 你会与优秀的读者和终身学习者为伍，他们对阅读和学习有着持久的热情和源源不绝的内驱力。

下载湛庐阅读App，
坚持亲自阅读，
有声书、电子书、阅读服务，
一站获得。

CHEERS

本书阅读资料包
给你便捷、高效、全面的阅读体验

本书参考资料

- ☑ **参考文献**
  为了环保、节约纸张, 部分图书的参考文献以电子版方式提供

- ☑ **主题书单**
  编辑精心推荐的延伸阅读书单, 助你开启主题式阅读

- ☑ **图片资料**
  提供部分图片的高清彩色原版大图, 方便保存和分享

相关阅读服务

- ☑ **电子书**
  便捷、高效, 方便检索, 易于携带, 随时更新

- ☑ **有声书**
  保护视力, 随时随地, 有温度、有情感地听本书

- ☑ **精读班**
  2~4周, 最懂这本书的人带你读完、读懂、读透这本好书

- ☑ **课　程**
  课程权威专家给你开书单, 带你快速浏览一个领域的知识概貌

- ☑ **讲　书**
  30分钟, 大咖给你讲本书, 让你挑书不费劲

湛庐编辑为你独家呈现
助你更好获得书里和书外的思想和智慧, 请扫码查收!

(阅读资料包的内容因书而异, 最终以湛庐阅读App页面为准)

本书中文简体字版由 Pen Torch Limited 授权在中华人民共和国境内独家出版发行。未经出版者书面许可，不得以任何方式抄袭、复制或节录本书中的任何部分。

著作权合同登记号：图字：01-2022-4837 号

版权所有，侵权必究

本书法律顾问　北京市盈科律师事务所　崔爽律师

图书在版编目（CIP）数据

当我们必须谈论死亡与别离时 / （英）凯瑟琳·曼尼克斯（Kathryn Mannix）著；张熙等译. -- 北京：中国纺织出版社有限公司，2022.10

书名原文：Listen

ISBN 978-7-5180-9832-3

Ⅰ. ①当… Ⅱ. ①凯… ②张… Ⅲ. ①死亡-心理-研究 Ⅳ. ①B845.9

中国版本图书馆CIP数据核字（2022）第163996号

责任编辑：刘桐妍　　责任校对：高　涵　　责任印制：储志伟

中国纺织出版社有限公司出版发行

地址：北京市朝阳区百子湾东里 A407 号楼　邮政编码：100124

销售电话：010—67004422　传真：010—87155801

http://www.c-textilep.com

中国纺织出版社天猫旗舰店

官方微博 http://weibo.com/2119887771

天津中印联印务有限公司印刷　各地新华书店经销

2022年10月第1版第1次印刷

开本：710×965　1/16　印张：18

字数：274千字　定价：79.90元

凡购本书，如有缺页、倒页、脱页，由本社图书营销中心调换